前坪水库黏土心墙坝变形协调分析方法及应用

张兆省　郭万里　皇甫泽华　武颖利　等著

黄河水利出版社
·郑州·

内 容 提 要

本书针对黏土心墙坝开展了坝体变形协调和渗流稳定关键技术研究工作,通过系统的室内试验、离心模型试验及数值模拟手段,研究了坝体在施工期、蓄水期及运行期的应力分布和变形特性,揭示了坝壳料密度对沉降梯度、应力劣化及应力水平的影响机制,提出了基于坝体变形、应力特性及强度指标的坝体变形协调量化评价指标,并基于多目标优化理论,综合考虑坝体应力特性、强度指标及变形特性,提出了基于坝体变形协调的最优化计算方法,为同类坝型的变形协调设计提供科学支撑。

本书可供从事土石坝工程研究和安全管理的人员及高等院校水利水电工程专业的师生阅读参考。

图书在版编目(CIP)数据

前坪水库黏土心墙坝变形协调分析方法及应用/张兆省
等著 . —郑州:黄河水利出版社,2020. 12
ISBN 978-7-5509-2890-9

Ⅰ.①前… Ⅱ.①张… Ⅲ.①水库-心墙堆石坝-变形
协调-研究 Ⅳ.①TV697.3

中国版本图书馆 CIP 数据核字(2020)第 261170 号

组稿编辑:王路平 电话:0371-66022212 E-mail:hhslwlp@ 126.com

出 版 社:黄河水利出版社 网址:www. yrcp. com
地址:河南省郑州市顺河路黄委会综合楼 14 层 邮政编码:450003
发行单位:黄河水利出版社
发行部电话:0371-66026940、66020550、66028024、66022620(传真)
E-mail:hhslcbs@ 126. com
承印单位:河南新华印刷集团有限公司
开本:787 mm×1 092 mm 1/16
印张:10.5
字数:240 千字
版次:2020 年 12 月第 1 版 印次:2020 年 12 月第 1 次印刷

定价:50.00 元

前　言

我国已拥有水库大坝 9.8 万余座,是世界上拥有水库大坝最多的国家,其中 95% 以上为土石坝;此外,我国正在兴建或设计的还有一大批高土石坝。黏土心墙坝是土石坝的主要坝型之一,其原理是将高塑性黏土作为防渗体,防渗体由土石料支撑,使得坝体同时满足防渗和稳定的要求。土石坝如果是均质的,只要回答坝坡是否稳定,可不必分析其应力变形。但是,实际土石坝往往不是均质的,对于黏土心墙坝而言,土石料支撑体的变形大,黏土防渗体也就跟着产生大的变形,导致破坏。因此,在黏土心墙坝的设计当中,必须考虑坝体各土石材料之间的变形协调问题,特别是黏土心墙与土石料支撑体之间的变形协调。

坝体变形协调是指不同筑坝材料在荷载作用下的变形协同性,人们虽然认识到变形协调的重要性,但目前对于坝体变形协调性并没有严格的定义和评价指标,更没有相关规范或标准可供参考。对于黏土心墙坝而言,由于黏土心墙的刚度相对于砂砾石、堆石料等坝壳料刚度明显偏低,存在较大的刚度差异,在施工期和蓄水期必然会发生两种材料区域的变形差异,如何评价这种变形差异对坝体安全性的影响,以及如何选择坝壳料、反滤材料和黏土心墙材料之间的最优刚度比,是亟须解决的问题。

本书以前坪水库大坝为例,研究了黏土心墙砂砾石坝变形协调分析方法及应用。前坪水库黏土心墙砂砾石坝整体建于覆盖层上,右岸岸坡陡峻。心墙、坝壳分别采用压缩模量差异显著的黏土和砂砾料,且坝壳砂砾料级配不连续、变异性大、抗渗能力低,大坝变形协调控制要求高、难度大。本书通过室内试验、数值模拟、物理模型试验等研究,解决了变形协调控制标准确定的难点,实现了黏土心墙坝全面变形协调控制,为黏土心墙坝高质量建设树立了技术样本。

本书共分 7 章,第 1 章总结了土石坝的发展及变形协调研究的意义;第 2 章介绍了土石坝有限元计算理论,开发了邓肯-张模型和南水模型的子程序并进行了验证;第 3 章对前坪水库大坝筑坝材料开展了系统的试验研究,确定了各材料的模型参数;第 4 章对坝体变形协调与渗流稳定开展了准三维有限元研究;第 5 章提出了土石坝变形协调多目标优化分析方法,并以前坪水库大坝为例,分析了基于变形协调的坝壳料最优相对密度;第 6 章开展了坝体变形协调与渗流稳定的离心模型试验;第 7 章对坝体开展了三维瞬态流固耦合分析。

本书是在河南省前坪水库建设管理局、南京水利科学研究院联合开展的河南省水利科技攻关项目(GG201705)研究成果基础上的总结。全书撰写人员有河南省前坪水库建设管理局张兆省、皇甫泽华、历从实、应越红、韦哲,河南省水利第一工程局姚斌、马卫民、刘建伟,南京水利科学研究院郭万里、武颖利、李小梅、任国峰、钱亚俊、张晨、韩迅、朱洵、阎志坤、李威、朱玥妍等。

本书的出版得到了河南省水利第一工程局的资助。图文的编写参阅了大量国内外同行的文献和著作并加以引用,尤其是本书的理论和模型需要同行大量的试验数据来验证。在此,谨致以衷心的感谢!

　　黏土心墙坝变形协调控制方法涉及土石坝的设计、施工等多方面,本书的出版仅为抛砖引玉,希望更多的科研工作者参与到该项研究工作中。

　　由于作者水平有限,书中难免存在许多不足和疏漏之处,引用文献也可能存在挂一漏万的问题,恳请各位读者不吝斧正。

作　者

2020 年 10 月

目　录

第 1 章 绪 论

1.1 土石坝的发展

我国于 2 600 年前建成的高家堰是洪泽湖大堤的雏形,历经加固翻修,保留至今。但这些小坝、矮坝只能修在小河上或形成旁侧水库,由于泄洪或渗透稳定问题没有解决,直到 20 世纪 20 年代尚未出现 100 m 高的土坝。相对于土石坝,混凝土坝由于混凝土材料技术和施工工艺的发展,百米级的混凝土坝陆续建成。1910 年美国建成 100 m 高的拱坝,1915 年建成 106 m 高的重力坝。到 20 世纪 50 年代末,高土石坝在高坝中所占的比重仅 31%。随着土石坝碾压施工技术的发展,到 20 世纪 60 年代,高土石坝在高坝中的比重逐渐上升,到 20 世纪 70 年代,高土石坝所占的比重大大超过重力坝和拱坝。在全球 100 m 以上的高坝中,20 世纪 70 年代,土石坝所占比重比 50 年代增长 1 倍,而拱坝和重力坝所占比重逐年下降,重力坝所占比重下降 150%,拱坝则下降了 50%。20 世纪 60 年代中期,日本高坝中,重力坝占压倒优势(占高坝总数的 67.5%)。在 20 世纪 70 年代,日本 100 m 以上高坝中,土石坝和拱坝占优势,重力坝所占比重较低。20 世纪 70 年代,巴西 80 m 以上的坝中,土石坝占 75%。美国 60 m 以上的坝中,土石坝占 80% 以上。

从高坝发展趋势来看,坝高越高,土石坝所占比重越大。截至 20 世纪 80 年代末,全球 230 m 以上的高坝 15 座,其中 9 座是土石坝,占 60%,5 座是拱坝。300 m 以上的高坝有 2 座,都是土石坝。土石坝在高坝中所占比重较大的原因有:①土石坝经济性好,造价较混凝土重力坝低。土石坝坝断面为双曲薄拱坝断面的 10~16 倍,拱坝的施工导流工程量比土石坝小,所以当坝址地质条件较好时,薄拱坝和土石坝可以竞争,而重力坝已无竞争能力。②岩土力学、计算基数的进步,大型施工机械和施工技术的发展,使建造的高土石坝安全可靠。③在北美和欧洲,地质条件较好的坝址已经开发,而对于覆盖层厚,或基岩软弱,或地质缺陷多的坝址,混凝土坝比土石坝的基础处理复杂,工作量大,造价高。而发展中国家并非如此,很多优良的混凝土坝坝址,多采用土石坝,这是因为土石坝经济可靠。

1910~1930 年,建造比较高的土石坝大多是木面板堆石坝和混凝土面板堆石坝,堆石是由高栈桥抛投的,或者是码砌。坝高不超过 50 m。抛投堆石变形大,会导致面板开裂,如美国盐泉(Salt Springs)坝。在平原或丘陵区,采用水力冲填坝和半水力冲填坝,该坝型在 20 世纪 30 年代盛行于美国和南美洲。1910 年墨西哥就建成内卡科萨(Necaxa)水力冲填坝,高 55 m。20 世纪 40 年代,苏联在平原河道筑坝也盛行水力冲填坝,如伏尔加河各梯级都是这种坝型。最高的冲填坝是苏联明哥桥乌尔坝和美国福特培克坝,前者坝高 78.5 m,后者坝高 74 m。20 世纪 50 年代以后,因为大型运输车辆和重型碾压设备的出现,碾压式土石坝单价降低;又因水力冲填坝在施工期常发生滑坡事故,筑坝上升速度受到限制,故这种筑坝技术不再采用。

现代的高土石坝,不论土、砂或堆石都是经过碾压的。我国在20世纪60年代,在黄土和黄土类壤土地区曾盛行水中填土筑坝,风化碎砾石也可用于水中填土坝,最高的水中填土坝高60 m。20世纪70年代以来,这些地区盛行自流式水力冲填坝(水坠坝),坝高已超过50 m。水中填土坝和自流式水力冲填坝与水力冲填坝一样,施工期常发生滑坡事故。

由于采用抛投形式建造的混凝土面板堆石坝变形过大,导致面板开裂,到20世纪40年代美国转向修建黏土心墙或斜墙高土石坝。1941年开工修建的130 m高的泥山(Mud Mountain)坝,是一座黏土心墙堆石坝。堆石仍是抛投法施工,1948年建成。该坝变形很大,裂缝很多。20世纪40年代及50年代,除欧洲采用拱坝外,世界各国大多采用黏土心墙或斜墙土石坝。凡是碾压密实的砂卵石坝壳,心墙很少出现裂缝。凡是抛投式堆石坝壳,都不够密实,变形太大,很多坝坝肩和心墙产生裂缝,但经修补后尚能使用。这个时期建成的最高的坝是156 m高的斯威夫特(Swift)坝。20世纪60年代,高土石坝发展迅速,各国共建成高100 m以上的土石坝50余座,其中120 m以上的有26座。20世纪70年代,土石坝高度达到240 m,如奇科森(Chicoasen)坝。20世纪80年代,坝高达到了325 m。这些很高的坝都是黏性土心墙或斜心墙漂卵石坝壳或堆石坝壳,坝壳都是采用重型振动碾碾压,孔隙率达到25%,有的达到20%,变形很小,都没有裂缝。

我国江河湖泊众多,水路纵横,水资源总量丰富,但是地区分布不均衡现象严重,东多西少,南多北少,且人均占有量显著低于世界平均值,区域年际分配不均匀,洪旱灾害频发,水资源供需矛盾日趋严重。为此,自古以来人们建设大坝、水库等水利设施,调配自然界的水资源,用以满足日常生产、生活用水的需要,缓和供需压力,实现水资源的整治、开发和有效利用,获得了巨大的社会效益、经济效益及环境效益。

在各类大坝中,土石坝是最古老、应用最为广泛的一种坝型,具有就地取材、适应性强、施工方便、造价低廉、筑坝经验丰富、技术成熟等优点。迄今为止,在世界范围内,土石坝的建造数目最多、体积最大、高度最高。截至20世纪70年代,全世界范围内共有2座超过300 m的水库大坝,其坝型均为土石坝,剩余的200多m的高坝也以土石坝为主。20世纪末期,世界范围内的大坝统计显示:超过15 m的大坝共计36 235座,其中土石坝29 974座,占82.7%。截止到2016年年底,我国已建的9.8万座大坝中,土石坝占了93%以上。

土石坝分类众多,根据防渗体在坝体中的位置可分为心墙坝和面板坝;根据防渗体所用的材料种类的差异,土石坝分为均质土料土石坝、土质防渗体分区坝和非土料防渗体坝。其中,土质防渗体分区坝又分为黏土心墙坝和黏土斜墙坝,非土料防渗体坝防渗体一般是指由沥青混凝土、钢筋混凝土或其他人工材料建成的坝。其中,黏土心墙土石坝、混凝土防渗面板坝及20世纪80年代兴起的沥青心墙土石坝效果显著,技术逐渐趋于成熟,适用范围广泛,获得了整个坝工界的大力推崇。

1.2　土石坝事故调查

土石坝的一系列优势使得其技术成长飞快、发展势头迅猛,与此同时,也发生了较多的问题和事故。据统计,近20年来,我国241座大型水库大坝发生了1 000多次工程事故,而造成这些破坏的原因主要是变形协调和渗流稳定问题,其中大坝裂缝不均匀变形失事占 25.3%,渗流失事占 30%,两者占到失事比例一半以上,是土石坝设计、研究中的重要课题之一。

坝体在施工过程中,随着施工高度变化、孔隙水压力逐步消散,土体被压缩产生沉降,由于材料性质差异,变形协调性差的土石坝将会产生不均匀变形,继而在坝体中产生裂缝,严重的可能导致大坝失事破坏,美国圆山坝、印尼贾提路哈尔坝和苏格兰巴德黑德坝等,均是由于不均匀变形引起裂缝而最终导致渗漏破坏。同时,不均匀变形可能导致大坝局部应力值达到材料极限应力,坝体变形进一步增大,最终导致大坝失稳破坏。

土石坝的沉降稳定与坝体的应力变形状态密切相关,对土石坝应力和变形进行系统研究,既可以准确确定坝体可能产生拉力和最大压应力的区域,又可以了解坝体的整体变形值和趋势,以此确保坝体的安全。在现今土石坝设计中,正确地进行土石坝应力变形分析显得尤为重要。

土石坝的渗流失事也造成了一系列不可避免的悲剧。1993 年 8 月 12 日,沟后水库堆石坝在其库水位持续上涨 40 多 d 后,左坝坡不断渗水,有大量滚石滑落,坝体迅速溃决,造成共和县严重的生命财产损失。1967 年 6 月 5 日,美国的 Teton 心墙土石坝在蓄水后不久,坝肩附近的心墙料发生管涌破坏,最终导致整个坝体出现巨大溃口,损失惨重。2017 年 2 月 13 日,受暴雨影响,美国加利福尼亚州北部的费瑟河水位不断上涨,美国最高水坝奥罗维尔(Oroville)心墙坝其中一条泄洪道出现一个长 60 m、深 9 m 的巨型缺口,大量混凝土被冲下,洪水从泄洪道泄出,大坝下游居民近 20 万人离家避险。

渗流控制方案的选取直接关系工程的运行安全和经济效益。简单地质条件的覆盖层地基的防渗处理措施常采用黏土铺盖、黏土截水槽、泥浆截水槽、板桩、高喷防渗、减压井等措施,而复杂地质条件的深厚覆盖层坝基防渗处理措施则通常采用帷幕灌浆、沥青混凝土防渗墙和混凝土防渗墙等。坝基防渗的方式,将对大坝地区的渗流场分布产生巨大影响,与坝体的设计、施工、安全、工期和造价等均有密切关系,故无论是对拟建、在建的水利工程进行渗流控制设计,还是对已建水利工程的渗流控制进行监控和评价,或者是对病险坝库进行除险加固论证,必须准确计算大坝区域的渗流场分布,进而确定合理的防渗方案。

1.3　土石坝变形协调研究意义

以黏土心墙砂砾石坝为例,对于坝壳料采用相对密度 D_r 作为碾压指标。砂砾石的设计 D_r 值目前主要取决于工程经验,尚缺乏系统的确定方法。当土石坝为均质坝时,在设计时只考虑坝体的稳定性,无须对其应力变形特性进行分析;但是,土石坝并不均匀,在黏土心墙坝中,黏土心墙的刚度明显低于坝壳材料的刚度,因此坝壳的大变形将导致黏土心墙的大变形,并可能由此造成心墙的破坏。一方面,坝壳料的 D_r 值越大,表明坝体整体刚度越大,有利于控制坝体强度和变形,可见,为了控制坝体的安全,坝壳料的 D_r 值不能太小。另一方面,必须考虑坝体内不同材料区域之间的变形协调,特别是黏土心墙与粗粒土材料之间的变形协调。坝壳料的 D_r 值越大,增加了黏土心墙与坝壳的刚度差,加剧了坝体的不变形协调,不利于坝体安全,因此坝壳料的 D_r 值不能太大。综上可得,坝壳料的

D_r 值过大或过小都不是最优设计方案。

基于以上分析,土石坝坝壳料密度的最优设计方法,应该能使坝体既满足强度和变形控制要求,又能满足变形协调要求。尽管这一设计理念广为人知,但目前没有系统的评价指标和设计方法,更没有精确的规范和参考标准。例如,我国的设计规范要求砂砾石坝壳料的 D_r 值应大于 0.75(DL/T 5129—2007);但是,对于如何进一步在 0.75~1 确定最优值,没有明确的方法。以前坪水库大坝砂砾石坝壳料为例,振动碾压时间 t 随 D_r 的增大呈指数增大,当 $D_r = 0.75$ 时,$t = 65$ s;然而,当 D_r 增加到 1.0 时,t 增加到 1 200 s,几乎高出 20 倍。振动碾压时间不仅代表施工时间,而且代表施工成本。当采用设计规范推荐的范围时,D_r 值在 0.75 ~ 1 的取值产生较小的变动,施工时间和成本却可能成倍增加。因此,确定合适的坝壳料 D_r 值,不仅有助于确保大坝的健康和安全,而且能够合理地节省大量的建设时间和成本。

1.4　土石坝主要研究手段

筑坝材料具有非线性、剪胀性、黏滞性、各向异性、应力历史相关性等特性,目前对土石坝填筑施工过程中的沉降变形、蓄水期和水位骤降期坝体应力变形、坝体长期变形等问题开展研究的手段主要包括数值模拟和传统模型试验,以及近年来快速发展的离心模型试验。

数值分析方法,是研究分析土石坝工程特性的一种廉价的、便利的方法,是在电子计算机广泛应用和数值分析方法不断发展的基础上发展起来的。有限单元法,作为运用最广泛的数值分析方法之一,在电子计算机问世之后,得到迅速的发展,很快就普及应用到整个固体力学领域。由于具有节约大量的人力、物力和财力,提高工程设计精度,大大缩短项目周期等优点,自 20 世纪 60 年代后期开始,有限单元法开始广泛应用于土石坝的应力应变和渗流分析,取得了极其丰硕的研究成果。

试验手段方面,传统模型试验虽然无法精确模拟大型工程及复杂的二、三维模型,但其模型简单、花费相对较低,也可以得出一些正确的规律,仍然具有很大的试验价值。土工离心机与传统模型试验有本质的区别,离心机通过高速旋转的方式来还原重力的方法,再现模型土体和实际相同的自重应力,并通过相似率计算,达到缩小模型、大大节省试验时间的目的,最终获得的模型的变形及破坏机制与原型相似,从而可以直接模拟复杂的岩土工程问题。土工离心模型试验可以准确地模拟岩土材料的工程特性,较精确地设定边界条件,在研究土石坝工程特性时具有很强的针对性和目的性,获取的信息直接可靠,但因为离心机试验成本巨大的缺点,现如今应用最为广泛的仍是数值仿真模拟方法和传统模型试验。

采用三轴试验、渗透特性试验等试验获得数值模拟的基本参数,是数值计算的关键所在。试验仪器的区别,例如真三轴试验仪与常规三轴试验仪,应力施加情况及模型参数计算方法等均对试验参数的结果有显著影响。20 世纪 40 年代起,国外进行了大量的粗粒料试验研究,国内起步稍晚,目前在筑坝材料试验方面,也取得了丰富的研究成果:

2004 年,张茹发现,仅在一条直线上确定两个模型参数的传统参数获取方法获得的参数,在进行模型计算时精度太差,严重影响计算结果的准确性。提出了一种新的参数计算方法:在筑坝材料大三轴试验参数计算时,采用了在不同坐标范围求邓肯-张模量参数的方法,获得了数值拟合结果很好的参数。程展林系统地介绍了粗颗粒土剪胀特性和材料组构特性及试验不确定性等方面的研究进展及成果。2010 年,张坤勇采用了土体真三轴试验仪,进行了土石坝心墙材料复杂应力条件下单向加荷试验,获得了心墙的偏应力—应变的关系曲线,试验发现:复杂应力对土体的强度有较大的影响作用,心墙材料的各向异性特征明显。郑瑞华(2011)考虑了粗粒土干密度的影响,利用清华大学 2 000 kN 大型三轴试验仪对积石峡面板坝筑坝材料进行大型三轴剪切试验,发现密度对筑坝材料应力变形有十分大的影响。刘平对聚氨酯高聚物胶凝堆石料进行了大型三轴排水剪切试验,试验结果表明:聚氨酯高聚物胶凝加固堆石料能提高材料的抗剪强度,减少边坡滑动变形,提高坝体的稳定性。

筑坝材料的选用设计与材料渗透特性关系密切,丁树云系统总结了国内外土石坝筑坝材料渗流变形试验研究现状和研究成果。大量科研人员通过渗流特性试验研究,得出了不同的心墙料、反滤料、坝壳料的渗透特性规律。朱国胜(2009)指出了大坝渗透试验规范中存在的一系列问题:试验仪器的尺寸效应和边壁效应,对渗透特性参数的影响显著。蔡正银考虑了围压对土石坝渗流影响,发明了大型数控双向渗透仪用于土石坝筑坝材料有压渗流试验,得到了一些有益的结果。

部分学者采用了传统模型试验研究黏土心墙坝存在的问题,得到了一系列有益的结论。由于模型试验无法模拟坝体实际地应力场,一般的模型试验只针对土石坝的部分结构进行重点分析,例如心墙水力劈裂问题,张丙印(2005)发明出了一种新型的心墙水力劈裂试验装置,该套装置可以模拟水沿着心墙渗透薄弱处渗入内部形成裂隙,并随着裂隙的不断开展,心墙最终发生水力劈裂破坏的全过程,提出了水压楔劈效应理论。冯晓莹(2009)同时采用模型试验和数值模拟分析两种方法,对与心墙材料相同边界条件和受力方式的土柱模型的应力变形特性进行研究,总结出心墙水力劈裂破坏的内在机制:心墙出现了拉应力区。袁俊平(2014)也研制出了一种新型的心墙水力劈裂试验装置,采用预设裂缝的方法对黏土心墙料进行了不同条件下的水力劈裂试验,确定内部裂缝对水力劈裂的影响。

1.5　土石坝数值分析内容

1.5.1　应力变形分析

1966 年,Clough 第一次将有限元法运用到土石坝工程领域,分析了坝体应力与变形,在此之后土石坝数值分析方法迅速发展。目前,国内外关于土石坝的应力变形问题,进行了大量数值分析研究,主要是采用三维有限元,选择合适的本构模型,考虑不同的影响因素对土石坝进行静、动力有限元计算分析,判断是否满足工程设计要求,并对结构设计提供优化建议。

熊鹏、欧阳君和周碧辉采用邓肯-张 E-B 模型,通过有限元法计算得出:稳定渗流场作用下黏土心墙土石坝的应力应变分布规律处于合理范围内;钱亚俊采用多种土体本构模型:邓肯 E-μ 模型、修正剑桥模型及双屈服面南水模型分别计算了新疆"635"砂砾石黏土心墙坝和云南鲁布革心墙坝的应力变形,结果表明,不同本构模型的模拟结果也存在较大的差异。2010 年,Li Hongen 和 Manuel Pastor 选用广义塑性理论,建立的 PZ-Ⅲ 模型计算高面板堆石坝应力变形,一定程度上证实了该模型的适用性。邵翎(2013)考虑了渗流场—应力场耦合作用,分析了心墙土石坝在正常蓄水稳定渗流条件下的应力和变形。2016 年,Sihong Liu 针对某深厚覆盖层心墙堆石坝进行了数值分析,着重分析防渗墙的应力变形,总结了影响防渗墙应力—应变行为的因素。H. Mirzabozorg 考虑了温度因素,采用 ANSYS 计算软件对土石坝进行了热有限元分析,得出结论:土石坝在静力分析下是安全的。Han Z 对狮子坪土石坝进行了长时间的现场监测,并结合数值计算,发现变形主要发生在施工和蓄水初期,变形量占整体变形比重的 70%～85%,剩余变形量基本由长期的蠕变变形发展而来。董威信(2012)根据糯扎渡高心墙堆石坝填筑期和蓄水期坝体变形的现场监测数据,基于新型参数反演方法:人工神经网络演化算法,进行了动态反演分析,获取到了邓肯-张 E-B 模型参数,以此进行了有限元计算,并预测了坝体完工期的变形特性。

1.5.2　渗流分析

法国工程师达西(H.Darcy)于 1855 年提出了世界瞩目的达西定律:砂土在水中的渗透速度与试样两端水面间的水位差成正比,与渗径长度成反比,由此奠定了土体渗流计算理论的基础。20 世纪 20 年代末开始,越来越多的学者开始重视渗流对土石坝的影响,进行了大量的渗流研究工作,取得了一系列重大成果,建立了完善的渗流计算理论体系。

计算渗流场的方法主要有解析解法、电模拟试验法和数值解法。其中,解析解法有很大的局限性,往往需要过多的简化及假定才能用于解决现实工程问题,而这会导致解的严重失真,甚至完全错误,很难获得令人满意的结果。相比较而言,电模拟试验法应用更为广泛。随着计算机的高速发展,数值解法越来越显示其强大的适用性和优越性,并逐渐取代了电模拟试验法。

通过数值解法进行渗流场计算时,首先进行建模工作,确定渗流计算边界,并对整个模型进行合理的网格划分,获取有限单元法计算所需的网格数据,之后,自主编写程序计算,或通过对商业计算软件(如 ANSYS、PLAXIS、ABAQUS 等)进行二次开发求解渗流场。将计算结果绘制出相应的水头等值线、水压等值线等流场分布图形,完成后处理工作。

张乾飞于 2000 年构建了三维有限元渗流分析模型,通过数值计算获得了土石坝完整渗流应力场,得到较好的模拟结果。Uromeihy A(2007)采用 PLAXIS 程序建立二维模型,模拟和分析不同防渗结构下 Chapar-Abad 坝的防渗情况,根据得到的结果,比较了各种类型防渗方法的成本、可行性和安全等因素,最终确定了帷幕灌浆的防渗措施。Ashraf A. Ahmed(2008)采用二维模型,更深入地研究坝体浸水渗漏的地点、流量大小、渗漏走向对坝体的变形安全影响。刘桃溪(2012)采用二维有限元模型对张沟水库进行了渗流分析,判断了坝体的安全性,并建议了维修措施。陈生水(2012)提出了一个能正确反映土石坝渗透破坏溃决机制,合理描述土石坝从渗透通道发展到坝体坍塌和漫顶溃决全过程的数值模拟方法。现如今,大量研究开始综合考虑多因素耦合作用的有限元计算分析,获得了更佳的模拟结果。2013 年,Antonia Larese 采用物理模型试验和耦合的流体动力学模型进行数值模拟水库蓄水后土石坝在波浪作用下的应力变形与岩体滑移。Shivakumar S. Athani(2015)采用 PLAXIS 3D 程序,考虑整体的耦合效应,建立了三维有限元模型,通过稳态渗流、瞬态渗流两类分析,获得了大坝在渗流场作用下的应力变形情况。

1.5.3 水力劈裂

对高心墙土石坝,心墙应力拱效应十分显著,严重时心墙内部会产生水平裂缝,进而导致水力劈裂的风险增大。心墙发生水力劈裂后,坝体内部会产生集中渗漏通道,严重的可能导致溃坝,因此判定心墙是否会发生水力劈裂尤为关键。目前,常用的水力劈裂判别方法主要是总应力法和有效应力法。

李全明(2007)自主开发出基于弥散裂缝理论的渗流有限元计算方法,并进行了工程实例计算,获得了良好的计算结果:渗透弱面水压"楔劈效应"对水力劈裂影响巨大。陈五一(2008)基于总应力法、综合法和有效应力法对瀑布沟心墙坝和两河口心墙堆石坝进行渗流有限元计算,总结并比较了几种土石坝心墙水力劈裂分析判定方法的差异与区别。殷宗泽(2009)提出了两种新颖的判定土石坝心墙水力劈裂的分析方法,其中有效应力与总应力相结合的水力劈裂分析方法类似上文综合应力法。周伟(2011)采用非连续的颗粒流方法对心墙水力劈裂破坏进行模拟,发现薄弱环节才是水力劈裂的最主要原因。

1.5.4 湿化变形

土石坝浸水会产生湿化变形,在土石坝湿化变形计算中,基本上采用两种方法:单线法或双线法。王瑞骏(2003)系统探讨了两种传统湿化变形计算方法所存在的不足之处,提出了新颖的初应变增量有限元法,并进行了验证。魏松(2007)保持粗粒土料应力水平不变,考虑围压与湿化应力的影响,分别进行了多组不同条件下的湿化变形试验,研究了湿化前后的应力—应变关系并对现今的双线法进行了改进,结果表明:在一定条件下,改进后的双线法对土体的湿化描述更切合。Fu Z Z(2011)采用了一种新型的蠕变塑性模型对某土石坝进行有限元计算,有效地模拟了坝体的浸水变形。马秀伟(2011)考虑湿化因素的影响,采用流固耦合算法对高心墙土石坝进行有限元数值计算,与他人结论不太一致的地方是,本次计算湿化作用比浮托力的影响要小,蓄水后,坝体沉降仍然减小,但比不考虑湿化情况,沉降上抬要小很多,湿化对水平位移的影响远比沉降要小。

1.6 本章小结

本章总结了土石坝近 100 年来的发展历程,随着土力学理论的发展和大型施工机械的引入,20 世纪 60 年代中期后,现代心墙坝的技术框架基本建立,搅拌黏土心墙被碾压土心墙替代,堆石由厚层抛填发展为薄层振动碾压,心墙坝建设在我国的带动下进入新的快速发展阶段。但是,近 20 年来,我国 241 座大型水库大坝发生了 1 000 多次工程事故,而造成这些破坏的原因主要是变形协调和渗流稳定问题,其中大坝裂缝不均匀变形失事占 25.3%,渗流失事占 30%,两者占到失事比例一半以上,是土石坝设计、研究中的重要课题之一,采用数值分析已经成为分析土石坝变形和渗流特性的重要手段。

第2章 土石坝有限元计算理论

2.1 有限元计算的发展

R.Courant 于 1943 年首先提出了有限单元法(FEM)。有限元的求解思路是对一个待求连续实体,通过划分网格将其离散成为有限个单元组成的单元集,对每个小单元进行计算,再进行单元集整体分析获得最终结果,对各个小单元进行近似计算时,只要单元划分足够精细、规整,对整体计算结果的影响便很小,具有很强的适用性,极大扩展了可计算的范围领域,提高了计算速度,因此获得了快速发展。有限元起初主要用来计算二维力学问题,后来逐渐应用于数学、计算力学、航天科学等,并迅速渗透到各个领域中,应用范围极其广泛。

有限单元法在岩土工程界应用广泛,已成为全世界范围内土木建筑行业 CAE 仿真分析的主流之一,几个知名商业计算软件,ANSYS、ABAQUS 就是基于有限元法开发而成的,已在中国很多大型工程中得到了成功应用,如上海金茂大厦、二滩水电站和三峡工程等。

当今的岩土工程问题,大都采用有限元等计算方法进行模拟仿真,取得了丰富的计算成果。采用有限元对人工建筑物、自然条件下的岩土体等结构物进行一定的简化,确定边界、水流等各方面条件,选择合适的材料力学特性模型,对于土体材料即为本构模型,最终建立二维或三维的计算模型进行数值仿真,与实测的结果相对比,对结构设计与优化评估起到了关键的作用。而通过大量的工程应用,在对遇到的各类问题不断地处理、总结过程中,持续地提出新的模型,延伸出新的求解思路,又极大促进了有限元的发展。

2.2 邓肯-张非线性本构模型

2.2.1 邓肯-张模型介绍

邓肯-张模型是 $E-\nu$ 模型的一种,以弹性模量 E 和泊松比 ν 为基本参数,广义胡克定律可以表示为

$$\{d\sigma\} = D_{et}\{d\varepsilon\} \tag{2-1}$$

式中:$d\sigma$ 为应力增量;$d\varepsilon$ 为应变增量;D_{et} 为非线性弹性矩阵。

获取土样基本参数的试验是常规三轴固结排水试验,根据轴向应力—应变 $(\sigma_1 - \sigma_3) \sim \varepsilon_1$ 关系曲线确定弹性参数 E_t,根据轴向方向与水平向应变 $\varepsilon_1 \sim \varepsilon_3$ 关系曲线确定弹性参数 ν_t,得到 E_t 的表达式为

$$E_t = (1 - R_f S_1)^2 K p_a \left(\frac{\sigma_3}{p_a}\right)^n \tag{2-2}$$

式中:R_f、K、n 为材料参数;p_a 为标准大气压强,$p_a = 100 \text{ kPa}$;S_1 为应力水平,其表达式为

$$S_1 = \frac{\sigma_1 - \sigma_3}{(\sigma_1 - \sigma_3)_f} \tag{2-3}$$

$(\sigma_1 - \sigma_3)_f$ 由 Mohr-Coulomb 强度准则确定，即

$$(\sigma_1 - \sigma_3)_f = 2\frac{c\cos\varphi + \sigma_3\sin\varphi}{1 - \sin\varphi} \tag{2-4}$$

式中：c、φ 分别为凝聚力和内摩擦角。

ν_t 的表达式为

$$\nu_t = \frac{G - F\lg\left(\dfrac{\sigma_3}{p_a}\right)}{(1 - \Lambda)^2} \tag{2-5}$$

$$\Lambda = \frac{D(\sigma_1 - \sigma_3)}{Kp_a\left(\dfrac{\sigma_3}{p_a}\right)^n\left[1 - \dfrac{R_f(1 - \sin\varphi)}{2c\cos\varphi + 2\sigma_3\sin\varphi}\right]}$$

式中：G、F、D 为材料参数。

随后，实践表明 E-ν 模型在测定泊松比时，侧向应变 ε_3 不易直接测量，因而邓肯等还提出了一种确定切线体积模量 B_t 的方法，即用 B_t 来代替 ν_t，这种方法习惯性被称为邓肯-张 E-B 模型，B_t 的表达式为

$$B_t = K_b p_a\left(\frac{\sigma_3}{p_a}\right)^m \tag{2-6}$$

式中：K_b 和 m 为材料参数。

邓肯-张 E-ν 模型和 E-B 模型在描述土体变形方面的区别在于，E-ν 模型假设 $\varepsilon_1 \sim \varepsilon_3$ 曲线为双曲线，而 E-B 模型假设 $\varepsilon_v \sim \varepsilon_1$ 曲线为双曲线。在邓肯-张模型求弹性参数 E_t 和 ν_t 的公式中，包含了 K、n、R_f、c、φ 和 G、D、F 共 8 个参数，求 B_t 包含了 K_b 和 m，均可以由常规三轴试验确定，且参数定义明确，在广泛的应用中积累了丰富的经验，因而是目前国内使用最广泛的本构模型之一。当然，该模型也存在一定的问题，最突出的是无法反映主应力的影响和土体的剪胀性。

2.2.2　邓肯-张模型参数整理方法

2.2.2.1　土体强度指标 c、φ

根据 Mohr-Coulomb 强度准则，绘制出不同围压 σ_3 下土体偏应力—轴向应变曲线，得到各围压 σ_3 下的峰值强度 $(\sigma_1 - \sigma_3)_f$，进而得到不同围压下土体的大小主应力值 σ_{1f} 和 σ_{3f}，在同一张图中绘制各围压下的莫尔应力圆，最终获得各莫尔圆的公切线方程，该切线的截距和斜率分别代表 c 和 $\tan\varphi$。

2.2.2.2　破坏比 R_f

以 $\varepsilon_1/(\sigma_1 - \sigma_3)$ 为纵坐标，ε_1 为横坐标作图，对试验点进行拟合获得一条直线方程，该直线的斜率和截距的倒数分别代表为 q_{ult} 和 E_i。破坏比 $R_{fi} = q_f/q_{ult}$，计算选取平均破坏比 $R_f = \sum R_f/n$。

2.2.2.3 参数 K、n

初始切线模量 E_i 与围压 σ_3 呈指数关系,即 $E_i = K \cdot p_a(\sigma_3/p_a)^n$,对此式做对数变换,$\lg(E_i/p_a) \sim \lg(\sigma_3/p_a)$ 关系为一条直线,该直线的斜率为 n,截距为 $\lg K$。式中,$p_a = 100$ kPa,为标准大气压强。

2.2.2.4 参数 φ_0、$\Delta\varphi$

在高土石坝计算中,为了确保计算的准确性,在应力变形计算中必须考虑强度包线的非线性,不同围压 σ_3 对应的剪切角 φ 值如式(2-7)的关系,据此绘制 $\varphi \sim \lg\sigma_3$ 关系曲线,计算出 φ_0 与 $\Delta\varphi$

$$\varphi = \varphi_0 - \Delta\varphi \lg(\sigma_3/p_a) \tag{2-7}$$

式中:φ_0 为 $\sigma_3 = p_a$ 时的剪切角;$\Delta\varphi$ 为 σ_3 增大 10 倍,内摩擦角的减小量。

2.2.2.5 参数 K_b、m

初始切线体积模量计算公式如下:

$$B_i = \frac{\sigma_1 - \sigma_3}{3\varepsilon_v} \tag{2-8}$$

式中:B_i 为初始切线体积模量,kPa;ε_v 为与应力水平对应的体变。

如果在土体强度值达到 70% 以前,试样的体变曲线未出现峰值,则 $\sigma_1 - \sigma_3 = 0.7(\sigma_1 - \sigma_3)_f$,体积应变 ε_v 取 0.7 峰值应力对应的体积应变;若出现峰值,则取土体体变峰值及其对应的偏应力值。

通过对数变换,将式(2-8)转化为一条直线,直线方程为

$$\lg(B_i/p_a) = \lg K_b + m \cdot \lg(\sigma_3/p_a) \tag{2-9}$$

或

$$B_i = K_b p_a \left(\frac{\sigma_3}{p_a}\right)^m \tag{2-10}$$

式中:$\lg K_b$ 为 $\sigma_3 = p_a$ 时直线的截距;m 为 $\lg(B_i/p_a) \sim \lg(\sigma_3/p_a)$ 关系曲线的斜率。

2.3 南水双屈服面本构模型

2.3.1 模型介绍

南水双屈服面弹性模型(简称南水模型)兼顾了邓肯模型和剑桥模型的优点,是沈珠江院士于 1994 年提出的一个新型双屈服面弹塑性模型。该模型考虑了土体的剪胀特性,这是邓肯-张弹性模型所不具备的,且对各类土体适应性强,尤其适用于土石坝计算,结果与实际情况十分吻合,已在我国多座土石坝工程得到应用。

南水模型采用两个屈服面来描述土体的屈服特性:

$$\left.\begin{array}{l} F_1 = p^2 + r^2 q^2 \\ F_2 = q^s/p \end{array}\right\} \tag{2-11}$$

式中:$p = (\sigma_1 + \sigma_2 + \sigma_3)/3$;$q = [(\sigma_1 - \sigma_2)^2 + (\sigma_2 - \sigma_3)^2 + (\sigma_3 - \sigma_1)^2]^{1/2}/\sqrt{2}$;$r$ 和 s 为屈服面参数,可取 2 或 3。

当采用正交流动法则时,弹塑性应力应变关系的一般形式可以写为

$$\{\Delta\varepsilon\} = [D]^{-1}\{\Delta\sigma\} + A_1\left\{\frac{\partial f_1}{\partial\sigma}\right\}\Delta f_1 + A_2\left\{\frac{\partial f_2}{\partial\sigma}\right\}\Delta f_2 \tag{2-12}$$

式中:$\Delta\varepsilon$ 为应变增量;$\Delta\sigma$ 为应力增量;$[D]$ 为弹性矩阵;A_1 和 A_2 为两个屈服面相应的塑性系数。

特别地,在三轴应力状态下 $p=(\sigma_1+\sigma_2+\sigma_3)/3$,$q=\sigma_1-\sigma_3$,存在如下关系:

$$\Delta f = \frac{\partial f}{\partial\sigma}\Delta\sigma = \frac{\partial f}{\partial p}\Delta p + \frac{\partial f}{\partial q}\Delta q \tag{2-13}$$

$$\frac{\partial f_1}{\partial\sigma_1} = \frac{\partial f_1}{\partial p}\frac{\partial p}{\partial\sigma_1} + \frac{\partial f_1}{\partial q}\frac{\partial q}{\partial\sigma_1} = \frac{2}{3}p + 2r^2q \tag{2-14}$$

$$\frac{\partial f_2}{\partial\sigma_1} = \frac{\partial f_2}{\partial p}\frac{\partial p}{\partial\sigma_1} + \frac{\partial f_2}{\partial q}\frac{\partial q}{\partial\sigma_1} = \frac{q^s}{p}\left(-\frac{1}{3p}+s\frac{1}{q}\right) \tag{2-15}$$

一方面,施加大主应力增量 $\Delta\sigma_1$,产生的大主应变 $\Delta\varepsilon_1$。根据式(2-13),将 Δf 表示为 $\Delta\sigma_1$ 的函数为

$$\Delta f = \frac{\partial f}{\partial p}\Delta p + \frac{\partial f}{\partial q}\Delta q = \frac{\partial f}{\partial p}\frac{\partial p}{\partial\sigma_1}\Delta\sigma_1 + \frac{\partial f}{\partial q}\frac{\partial q}{\partial\sigma_1}\Delta\sigma_1 \tag{2-16}$$

将式(2-16)代入式(2-12)可得

$$\Delta\varepsilon_1 = \frac{\Delta\sigma_1}{[D]} + A_1\frac{\partial f_1}{\partial\sigma_1}\left(\frac{\partial f_1}{\partial p}\frac{\partial p}{\partial\sigma_1}\Delta\sigma_1 + \frac{\partial f_1}{\partial q}\frac{\partial q}{\partial\sigma_1}\Delta\sigma_1\right) + A_2\frac{\partial f_2}{\partial\sigma_1}\left(\frac{\partial f_2}{\partial p}\frac{\partial p}{\partial\sigma_1}\Delta\sigma_1 + \frac{\partial f_2}{\partial q}\frac{\partial q}{\partial\sigma_1}\Delta\sigma_1\right) \tag{2-17}$$

其中,对于 $\Delta\sigma_1 \sim \Delta\varepsilon_1$,$[D]$ 对应的是弹性模型 E_e。

将式(2-14)和式(2-15)代入式(2-17)整理可得

$$\frac{\Delta\varepsilon_1}{\Delta\sigma_1} = \frac{1}{E_e} + \frac{4}{9}(p+3r^2q)^2A_1 + \frac{1}{9}\frac{q^{2s}}{p^2}\left(\frac{1}{p}-\frac{3s}{q}\right)^2A_2 \tag{2-18}$$

另一方面,施加球应力增量 Δq,产生体变增量 $\Delta\varepsilon_v$,依据式(2-12),先将 Δf 表示为 Δp 的函数为

$$\Delta f = \frac{\partial f}{\partial p}\Delta p + \frac{\partial f}{\partial q}\Delta q = \frac{\partial f}{\partial p}\Delta p + \frac{\partial f}{\partial q}\frac{\partial q}{\partial p}\Delta p \tag{2-19}$$

将式(2-19)代入式(2-12)可得

$$\Delta\varepsilon_v = \frac{\Delta p}{[D]} + A_1\frac{\partial f_1}{\partial p}\left(\frac{\partial f_1}{\partial p}\Delta p + \frac{\partial f_1}{\partial q}\frac{\partial q}{\partial p}\Delta p\right) + A_2\frac{\partial f_2}{\partial p}\left(\frac{\partial f_2}{\partial p}\Delta p + \frac{\partial f_2}{\partial q}\frac{\partial q}{\partial p}\Delta p\right) \tag{2-20}$$

其中,对于 $\Delta p \sim \Delta\varepsilon_v$,$[D]$ 对应的是体积模型 B;根据式(2-11)可得 $\frac{\partial f_1}{\partial p}=2p$,$\frac{\partial f_2}{\partial p}=-\frac{1}{p}\frac{q^s}{p}$,$\frac{\partial f_1}{\partial q}=2r^2q$,$\frac{\partial f_2}{\partial q}=\frac{s}{q}\frac{q^s}{p}$,特别地,对于三轴压缩应力状态,$\frac{\partial q}{\partial p}=\frac{\partial q/\partial\sigma_1}{\partial p/\partial\sigma_1}=3$,代入式(2-12)整理可得

$$\frac{\Delta\varepsilon_v}{\Delta p} = \frac{1}{B_e} + 4p(p+3r^2q)A_1 + \frac{1}{p}\frac{q^{2s}}{p^2}\left(\frac{1}{p}-\frac{3s}{q}\right)A_2 \tag{2-21}$$

特别地，对于三轴压缩应力状态，$\Delta p = \dfrac{1}{3}\Delta\sigma_1$，代入式(2-21)可得

$$\frac{\Delta\varepsilon_v}{\Delta\sigma_1} = \frac{1}{3}\frac{\Delta\varepsilon_v}{\Delta p} = \frac{1}{3B_e} + \frac{4}{3}p(p+3r^2q)^2A_1 + \frac{1}{3p}\frac{q^{2s}}{p^2}\left(\frac{1}{p} - \frac{3s}{q}\right)A_2 \tag{2-22}$$

$$B_e = \frac{E_e}{3(1-2\nu)}, \quad G_e = \frac{E_e}{2(1+\nu)} \tag{2-23}$$

式中：B_e 为弹性体积模量；G_e 为弹性剪切模量；E_e 为弹性模量，本模型中用回弹模量 E_{ur} 来表示，即 $E_e = E_{ur}$。

定义：$E_t = \Delta\sigma_1/\Delta\varepsilon_1$ 为切线杨氏模量，$\mu_t = \Delta\varepsilon_v/\Delta\varepsilon_1$ 为切线体积比（$\mu_t = 1-2\nu_t$，ν_t 为切线泊松比），联立式(2-18)和式(2-22)可解得式(2-12)中的系数 A_1 和 A_2 表达式为

$$\left.\begin{array}{l}
A_1 = r^2\dfrac{\eta\left(\dfrac{9}{E_t} - \dfrac{3\mu_t}{E_t} - \dfrac{3}{G_e}\right) + s\left(\dfrac{3\mu_t}{E_t} - \dfrac{1}{B_e}\right)}{(1+3r^2\eta)(s+r^2\eta^2)} \\[6mm]
A_2 = \dfrac{\left(\dfrac{9}{E_t} - \dfrac{3\mu_t}{E_t} - \dfrac{3}{G_e}\right) - r^2\eta\left(\dfrac{3\mu_t}{E_t} - \dfrac{1}{B_e}\right)}{(3s-\eta)(s+r^2\eta^2)}
\end{array}\right\} \tag{2-24}$$

式中：$\eta = q/p$；E_t 和 μ_t 分别为切线杨氏模量和切线体积比。

南水模型的计算表达式如下：

$$\{\Delta\sigma\} = [D_{ep}]\{\Delta\varepsilon\} \tag{2-25}$$

式中：D_{ep} 为弹塑性模量矩阵。

D_{ep} 的具体表达式为

$$[D_{ep}] = [d_{ij}] \tag{2-26}$$

式中：d_{ij} 为模量矩阵系数，i、$j = 1\sim4$。

矩阵 D_{ep} 中各个元素 d_{ij} 表达式为

$$\left.\begin{array}{l}
d_{11} = M_1 - P(s_x+s_x)/q - Qs_xs_x/q^2 \\[2mm]
d_{22} = M_1 - P(s_y+s_y)/q - Qs_ys_y/q^2 \\[2mm]
d_{33} = M_1 - P(s_z+s_z)/q - Qs_zs_z/q^2 \\[2mm]
d_{44} = G_e - Q\tau_{xy}\tau_{xy}/q^2 \\[2mm]
d_{21} = d_{12} = M_2 - P(s_x+s_y)/q - Qs_xs_y/q^2 \\[2mm]
d_{31} = d_{13} = M_2 - P(s_x+s_z)/q - Qs_xs_z/q^2 \\[2mm]
d_{32} = d_{23} = M_2 - P(s_y+s_z)/q - Qs_ys_z/q^2 \\[2mm]
d_{41} = d_{14} = -P\tau_{xy}/q - Qs_x\tau_{xy}/q^2 \\[2mm]
d_{42} = d_{24} = -P\tau_{xy}/q - Qs_y\tau_{xy}/q^2 \\[2mm]
d_{43} = d_{34} = -P\tau_{xy}/q - Qs_z\tau_{xy}/q^2
\end{array}\right\} \tag{2-27}$$

式中，$s_x = \sigma_x - p$，$s_y = \sigma_y - p$，$s_z = \sigma_z - p$；$M_1 = B_p + 4G_e/3$，$M_2 = B_p - 2G_e/3$；$P = B_eG_e\gamma/(1+B_e\alpha + G_e\beta)$，

$Q = G_e^2 \delta / (1 + B_e \alpha + G_e \beta)$；$B_p = \dfrac{B_e}{1 + B_e \alpha}\left(1 + \dfrac{B_e G_e \gamma^2}{1 + B_e \alpha + G_e \delta}\right)$，$\alpha = A_1 / r^2 + \eta^2 A_2$，$\beta = r^2 \eta^2 A_1 + A_2$，$\gamma = \eta(A_1 - A_2)$；$\delta = \beta + B_e(\alpha\beta - \gamma^2)$，$B_e = \dfrac{E_{ur}}{3(1 - 2\nu)}$，$G_e = \dfrac{E_{ur}}{2(1 + \nu)}$。

模型的基本变量为切线杨氏模量 E_t 和切线体积比 μ_t，其中 E_t 与邓肯–张模型相同，见式(2-1)；μ_t 为

$$\mu_t = 2c_d(\sigma_3/p_a)^{n_d} \frac{E_i R_s}{\sigma_1 - \sigma_3} \frac{1 - R_d}{R_d}\left(1 - \frac{R_s}{1 - R_s} \frac{1 - R_d}{R_d}\right) \tag{2-28}$$

式中：$R_s = R_f S_1$。

其中，S_1 为应力水平，$S_1 = \dfrac{\sigma_1 - \sigma_3}{(\sigma_1 - \sigma_3)_f}$；$R_f$ 为破坏比，$R_f = \dfrac{(\sigma_1 - \sigma_3)_f}{(\sigma_1 - \sigma_3)_{ult}}$。

卸荷情况下，回弹模量 E_{ur} 按下式计算：

$$E_{ur} = K_{ur} p_a (\sigma_3/p_a)^n \tag{2-29}$$

南水模型共涉及 10 个计算参数 K、K_{ur}、n、c、R_f、φ_0、$\Delta\varphi$、c_d、n_d 和 R_d。其中，前 5 个参数与邓肯–张模型的一致，而 c_d、n_d 和 R_d 代替了邓肯–张 E–B 模型中的 K_b 和 m 参数。上述 10 个参数均可由三轴试验得出。

关于加卸荷准则，模型按下述规则实行：

若 $F_1 > (F_1)_{max}$，则 $A_1 \neq 0$，否则 $A_1 = 0$ $\tag{2-30}$

若 $F_2 > (F_2)_{max}$，则 $A_2 \neq 0$，否则 $A_2 = 0$ $\tag{2-31}$

式(2-30)和式(2-31)同时成立表示为全加荷，同时不成立则表示全卸荷，一个条件成立表示部分加荷。如果 $A_1 = A_2 = 0$，弹塑性矩阵退化为弹性矩阵。

不同于邓肯–张弹性模型，该模型考虑了土体的剪胀特性，体变曲线的拟合程度更高，可拟合土体体积变形的后半段情况，同时模型参数均由常规三轴试验确定，获取方便，计算成熟。

2.3.2　模型参数整理方法

南水模型包括 K、c、n、R_f、φ_0、$\Delta\varphi$、K_{ur}、c_d、n_d、R_d 共计 10 个参数。前 6 个参数的整理方法同 2.2.2 部分介绍的邓肯–张模型参数整理方法。南水模型参数中，K_{ur} 为回弹模量，一般取 K 的 2 倍。

2.3.2.1　参数 c_d、n_d

绘制最大剪缩体应变和围压的关系曲线，最大剪缩体应变 ε_{vd} 和围压 σ_3 的关系如下：

$$\varepsilon_{vd} = c_d\left(\frac{\sigma_3}{p_a}\right)^{n_d} \tag{2-32}$$

式中：c_d、n_d 分别为 $\lg\varepsilon_{vd}$ 与 $\lg(\sigma_3/p_a)$ 直线的截距和斜率。

2.3.2.2　参数 R_d

$$R_d = (\sigma_1 - \sigma_3)_d \cdot \left(\frac{1}{\sigma_1 - \sigma_3}\right)_{ult} \tag{2-33}$$

式中：$(\sigma_1-\sigma_3)_d$ 为与最大剪缩体应变 ε_{vd} 对应的偏应力。

2.4　ABAQUS 有限元平台

2.4.1　ABAQUS 软件介绍

ABAQUS 是一套功能强大的有限元分析软件，可以解决从相对简单的线性分析到复杂的非线性问题。其包含了一个丰富的、可以模拟复杂几何形状的单元库，拥有多种类型的材料模型库，可以模拟典型工程材料的性能，如金属、橡胶、高分子材料等，特别是能够驾驭非常复杂、高度非线性问题。ABAQUS 平台具有以下优点：

（1）功能强大。ABAQUS 是集结构、热、流体、电磁及声学于一体的通用分析软件，为用户提供了广泛的分析功能。大量的复杂问题可以通过选项块的不同组合，很方便地模拟出来，大部分工程问题，甚至是高度非线性问题，用户只需一些工程数据，如结构几何形状、材料性能及载荷工况等。

（2）非线性处理能力强。ABAQUS 有优良的非线性计算功能，对于非线性静态分析，是将载荷分解成一系列增量的载荷步，在每一载荷步内进行一系列线性逼近以达到平衡。对于瞬态或动力非线性问题，可以分解为连续时间变化的载荷增量，在每一步进行平衡和迭代。

（3）丰富的单元库和材料模型库。ABAQUS 包含内容丰富的单元库，可选用的单元有 8 大类 433 种，如实体单元、壳单元、连接单元等。ABAQUS 自带有多种材料本构关系可以模拟工程中典型的材料性能。

（4）良好的开放性。ABAQUS 是一个开放的体系结构，提供二次开发的接口，利用其强大的分析求解平台，可以解决更为复杂、困难的问题，而且节省大量时间，避免重复性的编程工作，使工程分析和优化设计更快更好。

（5）能够较好地解决复杂边界和不同材料接触面等问题。其提供的接触面模型基本可以满足大部分计算要求；生死单元功能，可以精确地模拟大坝填筑、海上沉桩沉桶、基坑开挖等岩土工程动态问题；孔隙应力单元能很好地模拟加入水之后的孔隙水消散过程。

2.4.2　ABAQUS 二次开发接口

ABAQUS 允许通过子程序以代码的形式来拓展主程序的功能，并提供了强大而又灵活的子程序和应用程序接口。ABAQUS 包括 43 个子程序接口和 15 个应用程序接口，这些子程序及应用程序接口主要提供了以下功能：

（1）对 ABAQUS 数据库函数进行操作。

（2）定义特定载荷类型。

（3）定义新的用户单元。

（4）定义特定的边界条件。

（5）在非线性功能中实现对用户实参的运算。

（6）接触问题中实现用户自定义摩擦系数。

(7)定义特定的非线性材料。如用户塑性准则、蠕变方程、超弹性准则、失效准则、黏弹性性质等。

(8)用户可以优化和介入计算过程。在每个运算求解、载荷步、增量步和平衡迭代的开始和结束,容许用户介入,评估计算结果。

应用程序接口使得解决具体工程问题时具有很大的灵活性,极大拓展了软件功能。如通过定义单元接口,可以将任何自定义类型的线性或非线性单元引入模型中,也可以通过材料子程序接口,定义任何补充的材料本构模型,不但任意数量的材料常数可以作为资料被读取,而且对任意数量的与求解相关的状态变量在每一材料积分点都提供存储功能,以便调用。

用户子程序必须按照 ABAQUS 提供的相应接口,按照 Fortran 或 C 语言语法编写代码。用户子程序是一个独立的程序单元,可以独立存储和编译,也可以被其他程序引用,可以带回大量数据供引用程序使用,也可以完成各种特性功能。用户子程序一般结构形式为:

SUBROUTINE UMAT(STRESS, STATEV, DDSDDE, SSE, SPD, SCD, RPL, DDSDDT, DRPLDE, DRPLDT, STRAN, DSTRAN, TIME, DTIME, TEMP, DTEMP, PREDEF, DPRED, CMNAME, NDI, NSHR, NTENS, NSTATV, PROPS, NPROPS, COORDS, DROT, PNEWDT, CELENT, DFGRD0, DFGRD1, NOEL, NPT, LAYER, KSPT, KSTEP, KINC)

INCLUDE 'ABA_PARAM.INC'

CHARACTER * 80 CMNAME

DIMENSION:STRESS(NTENS), STATEV(NTENS), DDSDDE(NTENS), DDSDDT(NT-ENS), DRPLDE(NTENS), STRAN(NTENS), DSTRAN(NTENS), TIME(2), PREDEF(1), DPRED(NTENS), PROPS(N PROPS), COORDE(3), DROT(3,3), DFGRD1(3,3)

…………(用户定义 DDSDDE, STRESS, STATEV 等变量数组。)

RETURN

END

UMAT 括号内的是用户子程序参数接口,有些参数是 ABAQUS 传递给用户子程序的,有的需要自己定义,文件 aba_param.inc 随着 ABAQUS 软件的安装而包含在操作系统中,它们含有重要的参数,帮助 ABAQUS 主求解程序对子程序进行编译和链接。当控制遇到 RETURN 语句时便返回到引用程序单元中去,END 语句是用户子程序结束的标志。需要用到多个子程序时,就必须把它们放在一个以.for 为扩展名的文件中。

2.4.3　ABAQUS 土体本构模型库子程序开发

用户材料子程序(UMAT)是 ABAQUS 提供给用户自定义材料属性的 Fortran 程序接口,使用户能应用 ABAQUS 材料库中没有定义的材料模型。用户材料子程序 UMAT 通过与 ABAQUS 主求解程序的接口实现与 ABAQUS 的资料交流。在输入文件中,使用关键" * USER MATERIAL"表示定义用户材料属性。

UMAT 子程序具有强大的功能,使用 UMAT 子程序可以实现以下功能:

(1)可以定义材料的本构关系,使用 ABAQUS 材料库中没有包含的材料本构计算,扩充程序功能。

（2）几乎可以适用于力学行为分析的任何过程，可以把材料属性赋予 ABAQUS 中的任何单元。

（3）必须在 UMAT 中提供材料本构的雅可比（Jacobian）矩阵，即应力增量与应变增量的变化率。

根据前面的介绍，开发的"邓肯-张模型"用户子程序为：

```
SUBROUTINE UMAT(STRESS,STATEV,DDSDDE,SSE,SPD,SCD,
1 RPL,DDSDDT,DRPLDE,DRPLDT,
2 STRAN,DSTRAN,TIME,DTIME,TEMP,DTEMP,PREDEF,DPRED,CMNAME,
3 NDI,NSHR,NTENS,NSTATV,PROPS,NPROPS,COORDS,DROT,PNEWDT,
4 CLENT,DFGRD0,DFGRD1,NOEL,NPT,LAYER,KSPT,KSTEP,KINC)
  INCLUDE 'ABA_PARAM.INC'
  CHARACTER * 80 CMNAME
  DIMENSION STRESS(NTENS),STATEV(NSTATV),DDSDDE(NTENS,NTENS),
1 DDSDDT(NTENS),DRPLDE(NTENS),STRAN(NTENS),DSTRAN(NTENS),
2 TIME(2),PREDEF(1),DPRED(1),PROPS(NPROPS),COORDS(3),DROT(3,3),
3 DFGRD0(3,3),DFGRD1(3,3)
  DIMENSION PS(NDI)
    AK=PROPS(1)
    AN=PROPS(2)
    RF=PROPS(3)
    C=PROPS(4)
    FA=PROPS(5)
    PA=PROPS(6)
    VKB=PROPS(7)
    VNB=PROPS(8)
    AUR=PROPS(9)
    S1S3O=STATEV(1)
    S3O=STATEV(2)
    SSO=STATEV(3)
  CALL SPRINC(STRESS,PS,1,NDI,NSHR)
  DO 10 I=1,2
  DO 20 J=I+1,3
  IF(PS(I).LT.PS(J))THEN
    PPS=PS(I)
    PS(I)=PS(J)
    PS(J)=PPS
  END IF
20 CONTINUE
10 CONTINUE
  IF(PS(3).GT.(-0.01))THEN
    STRESS(1)=-1.0
```

```
      STRESS(2)= -1.0
      STRESS(3)= -1.0
   CALL SPRINC(STRESS,PS,1,NDI,NSHR)
   DO 110 I=1,2
   DO 210 J=I+1,3
      IF(PS(I).GT.PS(J))THEN
        PPS=PS(I)
        PS(I)=PS(J)
        PS(J)=PPS
      END IF
210  CONTINUE
110  CONTINUE
   END IF
      S=(1-SIN(FA))*(PS(3)-PS(1))
   IF((2*C*COS(FA)+2*(-PS(3))*SIN(FA)).ne.0) THEN
      S=S/(2*C*COS(FA)+2*(-PS(3))*SIN(FA))
   ELSE
      S=0
   END IF
   IF(S.GT.SSO) SSO=S
   IF(S.GE.0.95) THEN
      S=0.95
   END IF
   IF(-PS(3).GT.S3O) S3O=-PS(3)
   EI=AK*PA*(S3O/PA)**AN
   IF((PS(3)-PS(1)).LT.S1S3O.AND.S.LT.SSO) THEN
      ET=AUR*AK*PA*(S3O/PA)**AN
   ELSE
      ET=EI*(1-RF*S)**2
   END IF
      ETMIN=0.25*AK*PA*(0.02)**AN
   IF(ET.LT.ETMIN) ET=ETMIN
      BT=VKB*PA*(S3O/PA)**VNB
      BTMIN=(ET/3.0)*((2.0-SIN(FA))/SIN(FA))
   IF(BT.GT.BTMIN) THEN BT=BTMIN
      PMIUT=0.5-ET/(6.0*BT)
   IF(PMIUT.GT.0.49) THEN
      PMIUT=0.49
   ELSE
      PMIUT=PMIUT
   END IF
      DDSDDE(1,1)=FEI
      DDSDDE(2,2)=FEI
```

```
            DDSDDE(3,3)=FEI
            DDSDDE(4,4)=GG
            DDSDDE(1,2)=ALAM
            DDSDDE(1,3)=ALAM
            DDSDDE(2,1)=DDSDDE(1,2)
            DDSDDE(3,1)=DDSDDE(1,3)
            DDSDDE(2,3)=ALAM
            DDSDDE(3,2)=DDSDDE(2,3)
        IF(S.GT.SSO) SSO=S
        IF((PS(3)-PS(1)).GT.S1S3O) S1S3O=PS(3)-PS(1)
        DO 70 K1=1,4
          DO 60 K2=1,4
             STRESS(K2)=STRESS(K2)+DDSDDE(K2,K1)*DSTRAN(K1)
   60   CONTINUE
   70   CONTINUE
            STATEV(1)=S1S3O
            STATEV(2)=S3O
            STATEV(3)=SSO
          RETURN
          END
```

开发的"南水模型"用户子程序为：

```
      SUBROUTINE UMAT(STRESS,STATEV,DDSDDE,SSE,SPD,SCD,
     1 RPL,DDSDDT,DRPLDE,DRPLDT,
     2 STRAN,DSTRAN,TIME,DTIME,TEMP,DTEMP,PREDEF,DPRED,CMNAME,
     3 NDI,NSHR,NTENS,NSTATV,PROPS,NPROPS,COORDS,DROT,PNEWDT,
     4 CELENT,DFGRD0,DFGRD1,NOEL,NPT,LAYER,KSPT,KSTEP,KINC)
      INCLUDE'ABA_PARAM.INC'
      CHARACTER*80 CMNAME
      DIMENSION STRESS(NTENS),STATEV(NSTATV),DDSDDE(NTENS,NTENS),
     1 DDSDDT(NTENS),DPLDE(NTENS),STRAN(NTENS),DSTRAN(NTENS),
     2 TIME(2),PREDEF(1),DPRED(1),PROPS(NPROPS),COORDS(3),DROT(3,3),
     3 DFGRD0(3,3),DFGRD1(3,3)
      DIMENSION PS(NDI)
      CR=PROPS(1)
    AF=PROPS(2)*3.1415926/180
    DF=PROPS(3)*3.1415926/180
    FR=PROPS(4)
    CKE=PROPS(5)
    CKU=PROPS(6)
    CN=PROPS(7)
    CCD=PROPS(8)
    CND=PROPS(9)
```

```
CRD = PROPS(10)
CKR = PROPS(11)
CKS = PROPS(12)
DF2 = STATEV(1)
DF3 = STATEV(2)
CALL SPRINC(STRESS,PS,1,NDI,NSHR)
   DO 10 I=1,2
  DO 20 J=I+1,3
    IF(PS(I).LT.PS(J))THEN
       PPS=PS(I)
       PS(I)=PS(J)
       PS(J)=PPS
     END IF
20    CONTINUE
10   CONTINUE
     SD=PS(1)-PS(2)
  SB=PS(2)-PS(3)
  SA=PS(3)-PS(1)
  ST=SQRT(SD*SD+SB*SB+SA*SA)/3.0
  PM=(PS(1)+PS(2)+PS(3))/3
   E=FR
   PA=101
     IF(E.LT.0.1) GOTO 100
     PP=-PS(3)/PA
     A=PS(2)/PS(3)
     IF(A.LT.1.0) A=1.0
     IF(PP.LE.0.1) PP=0.1
     PE=PP*EXP(LOG(A)/3.0)
     A=E
     E1=AF-DF*LOG(PP)*0.4343
     E2=SIN(E1)
     PP=CR*COS(E1)/E2
     B=E2*(PP+PA*PE)/(1-E2)
     SULT=B/A
     D=(PS(3)-PS(1))/B/2.0
     IF(D.GT.1.0) D=1.0
     E5=D
     IF(D.GT.0.95)   E5=0.95
     DL=E5*A
     PE=LOG(PE)
     E0=PA*CKE*EXP(PE*CN)
     TE=E0*(1.0-DL)*(1.0-DL)
     DM=CRD
```

```
        VM = CCD * EXP( PE * CND)
        E1 = DL/( 1.0−DL)
        E2 = DM/( 1.0−DM)
        TV = VM * E0/SULT * ( 1.0−E1/E2)/E2
        IF( TV.LT.0.99) GOTO 5
        TV = 0.99
    5   TEU = PA * CKU * EXP( PE * CN)
        SR = CKS
        EK = TEU/1.2
        EG = TEU/2.6
        IF( E.GT.0.1) GOTO 8
  100   EK = CKU/1.92
        EG = CKU/2.36
    8   A1 = −PM
        IF( A1.GT.0.1) A1 = 0.1
        F2 = A1 * A1+4.0 * ST * ST
        AT = ST/A1
        F3 = EXP( LOG( ST) * SR)/A1
        IF( E.GT.0.1) GOTO 60
        D1 = EK
        D2 = EG
        D3 = 0.0
        D4 = 0.0
        GOTO 90
   60   C1 = AT * AT
        E1 = 3.0 * TV/TE
        E2 = 9.0/TE
        E3 = 3.0/EG
        E4 = 1.414 * 4.0
        E5 = 1.414 * SR+E4 * C1
        E2 = E2−E1−E3
        E1 = E1−1.0/EK
        CC = ( E2−E4 * AT * E1)/E5/( 1.414 * SR−AT)
        BB = ( 4.0 * AT * E2+E4 * SR * E1)/E5/( 1.0+E4 * AT)
     IF( F2.GE.DF2.OR.BB.LE.0.0) THEN
        BB = 0.0
        ELSE
        BB = BB
     END IF
     IF( F3.LE.DF3.OR.CC.LE.0.0) THEN
        CC = 0.0
     ELSE
        CC = CC
```

```
          END IF
200       A1=BB/4.0+C1*CC
          B1=4.0*C1*BB+CC*SR*SR
          C1=AT*(BB-CC*SR)
30        E1=1.0+EK*A1
          E2=(B1*E1-EK*C1*C1)/1.5
          E3=E1+EG*E2
          D1=EK*(1.0+EK*EG*C1*C1/E3/1.5)/E1
          D2=EG
          IF(D1.LT.EG/1.5) D1=EG/1.5
          D3=EK*EG*C1/E3/1.5
          D4=EG*EG*E2/E3/1.5
90        T1=STRESS(1)-PM
          T2=STRESS(2)-PM
          T3=STRESS(3)-PM
          C1=D1+1.333*D2
          C2=D1-0.667*D2
          IF(ST.GT.1.0E-6) GOTO 40
          E1=0.0
          E2=0.0
          GOTO 50
40        E1=D3/ST
          E2=D4/ST/ST
50        DO 15 K1=1,NTENS
             DO 15 K2=1,NTENS
                DDSDDE(K1,K2)=0.D0
15        CONTINUE
          DDSDDE(1,1)=C1+E1*(T1+T1)-E2*T1*T1
          DDSDDE(2,2)=C1+E1*(T2+T2)-E2*T2*T2
          DDSDDE(3,3)=C1+E1*(T3+T3)-E2*T3*T3
          DDSDDE(4,4)=D2-E2*STRESS(4)*STRESS(4)
          DDSDDE(1,2)=C2+E1*(T1+T2)-E2*T1*T2
          DDSDDE(1,3)=C2+E1*(T1+T3)-E2*T1*T3
          DDSDDE(1,4)=E1*STRESS(4)-E2*T1*STRESS(4)
          DDSDDE(2,3)=C2+E1*(T2+T3)-E2*T2*T3
          DDSDDE(2,4)=E1*STRESS(4)-E2*T2*STRESS(4)
          DDSDDE(3,4)=E1*STRESS(4)-E2*T3*STRESS(4)
          DDSDDE(2,1)=DDSDDE(1,2)
          DDSDDE(3,1)=DDSDDE(1,3)
          DDSDDE(3,2)=DDSDDE(2,3)
          DDSDDE(4,1)=DDSDDE(1,4)
          DDSDDE(4,2)=DDSDDE(2,4)
          DDSDDE(4,3)=DDSDDE(3,4)
```

```
       DO 35 K1 = 1,4
          DO 25 K2 = 1,4
              STRESS( K2 ) = STRESS( K2 )+DDSDDE( K2,K1 ) * DSTRAN( K1 )
25        CONTINUE
35     CONTINUE
        IF( F2.GE.DF2 ) DF2 = F2
        IF( F3.GE.DF3 ) DF3 = F3
          STATEV( 1 ) = DF2
          STATEV( 2 ) = DF3
     RETURN
     END
```

2.4.4　ABAQUS 土体本构模型库验证

基于 ABAQUS 二次开发的邓肯-张模型和南水模型子程序库,其正确与否及计算效果如何,有待进一步检验。本节采用开发的模型库子程序模拟常规三轴排水试验,将模拟结果与试验得到的应力—应变关系进行对比,并分析网格精度对计算结果的影响,旨在验证开发的土体本构模型库子程序的可靠性和稳定性。

为了对利用 ABAQUS 有限元平台开发的土体本构模型库子程序进行验证,对前坪水库大坝筑坝材料(如不同相对密度的坝壳料、覆盖层料、反滤料Ⅰ、反滤料Ⅱ和黏土心墙料)进行了三轴排水剪切试验。对于每种土样,分别进行了 4 种不同围压下的三轴排水剪切试验,测试了土样剪切过程中的应力—应变关系和体积应变与剪应变之间的关系,并根据邓肯-张 $E-B$ 模型和南水模型参数整理方法,得到了每组土样的邓肯-张 $E-B$ 模型和南水模型参数,如表 2-1 和表 2-2 所示。

表 2-1　邓肯-张 $E-B$ 模型参数

材料	$\varphi_0(°)$	$\Delta\varphi(°)$	K	n	R_f	K_b	m
$D_r = 0.65$ 坝壳料	50.6	7.7	534.0	0.49	0.62	410.5	0.17
$D_r = 0.75$ 坝壳料	52.4	8.8	680.1	0.42	0.61	609.7	0.12
$D_r = 0.80$ 坝壳料	53.1	9.0	885.9	0.39	0.6	931.7	0.01
$D_r = 0.90$ 坝壳料	54.2	9.3	1 264.9	0.34	0.63	1 374.0	−0.02
覆盖层料	52.4	8.8	680.1	0.42	0.61	609.7	0.12
反滤料Ⅱ	46.5	6.5	583.0	0.45	0.67	490.3	0.14
反滤料Ⅰ	42.0	2.0	371.5	0.51	0.80	216.7	0.38
心墙料	32.9	6.4	146.5	0.43	0.78	86.1	0.24

表 2-2　南水模型参数

材料	$\varphi_0(°)$	$\Delta\varphi(°)$	K	n	R_f	$c_d(\%)$	n_d	R_d
$D_r = 0.65$ 坝壳料	50.6	7.7	534.0	0.49	0.62	0.45	0.70	0.56
$D_r = 0.75$ 坝壳料	52.4	8.8	660.1	0.42	0.61	0.33	0.75	0.52
$D_r = 0.80$ 坝壳料	53.1	9.0	885.9	0.39	0.60	0.27	0.88	0.50
$D_r = 0.90$ 坝壳料	54.2	9.3	1 250.9	0.34	0.63	0.18	0.90	0.50
覆盖层料	52.4	8.8	680.1	0.42	0.61	0.26	0.75	0.52
反滤料 Ⅱ	46.5	6.5	583.0	0.45	0.67	0.18	0.96	0.59
反滤料 Ⅰ	42.0	2.0	371.5	0.51	0.80	0.33	0.89	0.63
心墙料	32.9	6.4	146.5	0.43	0.78	2.30	0.60	0.77

　　为了验证开发的邓肯－张 E-B 模型和南水模型子程序库,利用 ABAQUS 对三轴试验进行了模拟。由于三轴试验的试样是圆柱体,试验过程中应力分布应该是轴对称的,因此为了加快计算速度,建立了 1/4 个圆柱作为试样。模拟的试样尺寸和试验相同,建立的模型如图 2-1 所示,使用的单元类型为 C3D8I。

图 2-1　三轴试验模型

　　对于这样一个模型需要足够的约束才能让模拟正确进行,首先需要约束两个对称面的法向位移,因为在剪切过程中对称面不应该有任何位移;其次需要约束试样底面的法向位移,最后还需要约束底面扇形顶点的三个方向的位移,因为静力模拟过程是忽略质量的,试样由于没有质量带来的惯性力,在模拟过程中会在底面平行的平面内产生任意的刚体位移,导致计算有问题,因此约束底面顶点位移非常必要。

　　计算分三步实现:第一步:对模型施加自重应力。土体在自重应力下固结,然后消除自重应力下的位移,使得土体只有重力而没有发生位移,从而实现自重应力平衡。第二步：施加围压。与试验时施加围压相同，土体在围压下固结。第三步：试样剪切。三轴试验时，加载速率为 2 mm/min，达到轴向应变 20% 停止试验，数值模拟时，采用应变控制，在顶部自由面施加 20% 位移载荷，每一步划分 100 个增量步进行迭代计算。

E-B 模型计算结果与试验值对照图如图 2-2~图 2-9 所示。

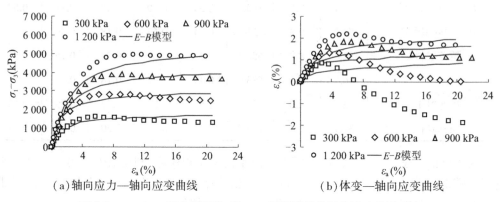

（a）轴向应力—轴向应变曲线　　　　（b）体变—轴向应变曲线

图 2-2　$D_r = 0.65$ 坝壳料邓肯-张 E-B 模型模拟结果与试验结果对比

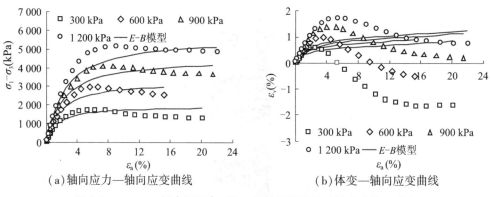

（a）轴向应力—轴向应变曲线　　　　（b）体变—轴向应变曲线

图 2-3　$D_r = 0.75$ 坝壳料邓肯-张 E-B 模型模拟结果与试验结果对比

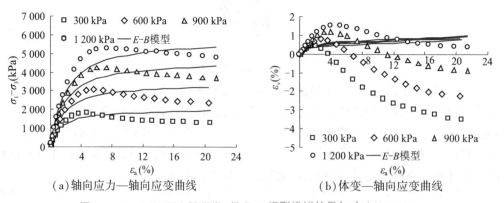

（a）轴向应力—轴向应变曲线　　　　（b）体变—轴向应变曲线

图 2-4　$D_r = 0.80$ 坝壳料邓肯-张 E-B 模型模拟结果与试验结果对比

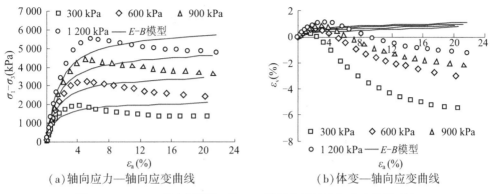

（a）轴向应力—轴向应变曲线　　　　　（b）体变—轴向应变曲线

图 2-5　$D_r = 0.90$ 坝壳料邓肯-张 $E\text{-}B$ 模型模拟结果与试验结果对比

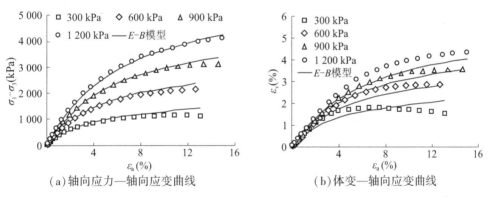

（a）轴向应力—轴向应变曲线　　　　　（b）体变—轴向应变曲线

图 2-6　覆盖层料邓肯-张 $E\text{-}B$ 模型模拟结果与试验结果对比

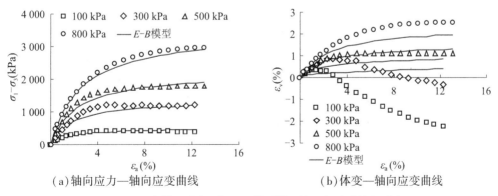

（a）轴向应力—轴向应变曲线　　　　　（b）体变—轴向应变曲线

图 2-7　反滤料Ⅰ邓肯-张 $E\text{-}B$ 模型模拟结果与试验结果对比

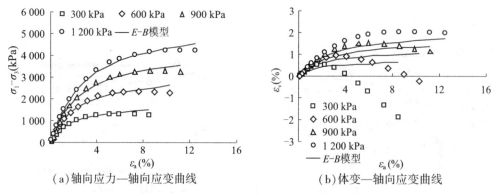

(a)轴向应力—轴向应变曲线　　　　　(b)体变—轴向应变曲线

图 2-8　反滤料Ⅱ邓肯-张 E-B 模型模拟结果与试验结果对比

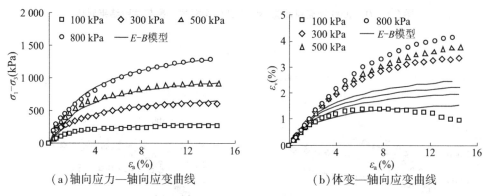

(a)轴向应力—轴向应变曲线　　　　　(b)体变—轴向应变曲线

图 2-9　心墙料邓肯-张 E-B 模型模拟结果与试验结果对比

　　总体而言,邓肯-张 E-B 模型对于 8 种土体应力—应变曲线的预测效果较好,而对于剪胀性体变曲线描述效果较差,预测效果满足邓肯-张 E-B 模型的特点,可见,对于模型二次开发是合理的。

　　南水模型计算结果与试验值对照图如图 2-10~图 2-17 所示。

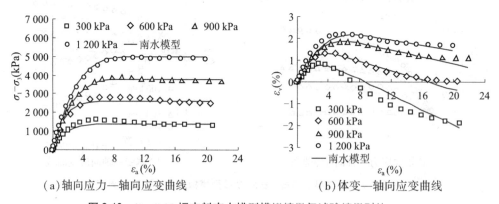

(a)轴向应力—轴向应变曲线　　　　　(b)体变—轴向应变曲线

图 2-10　D_r=0.65 坝壳料南水模型模拟结果与试验结果对比

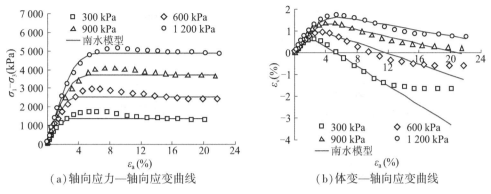

（a）轴向应力—轴向应变曲线　　　（b）体变—轴向应变曲线

图 2-11　$D_r = 0.75$ 坝壳料南水模型模拟结果与试验结果对比

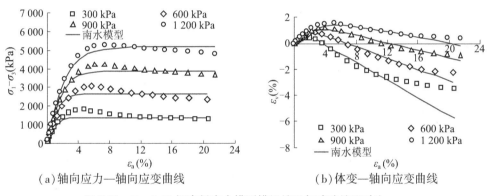

（a）轴向应力—轴向应变曲线　　　（b）体变—轴向应变曲线

图 2-12　$D_r = 0.80$ 坝壳料南水模型模拟结果与试验结果对比

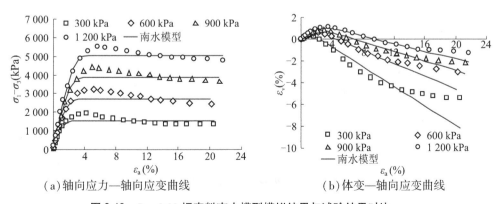

（a）轴向应力—轴向应变曲线　　　（b）体变—轴向应变曲线

图 2-13　$D_r = 0.90$ 坝壳料南水模型模拟结果与试验结果对比

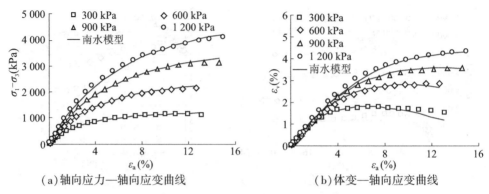

(a)轴向应力—轴向应变曲线　　　　　　(b)体变—轴向应变曲线

图 2-14　覆盖层料南水模型模拟结果与试验结果对比

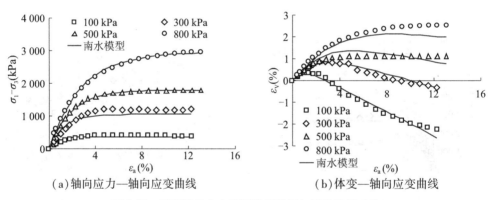

(a)轴向应力—轴向应变曲线　　　　　　(b)体变—轴向应变曲线

图 2-15　反滤料 Ⅰ 南水模型模拟结果与试验结果对比

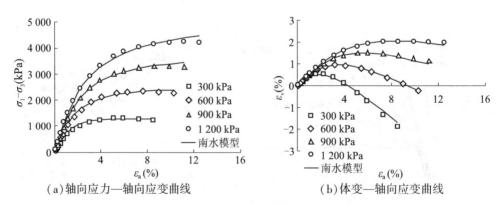

(a)轴向应力—轴向应变曲线　　　　　　(b)体变—轴向应变曲线

图 2-16　反滤料 Ⅱ 南水模型模拟结果与试验结果对比

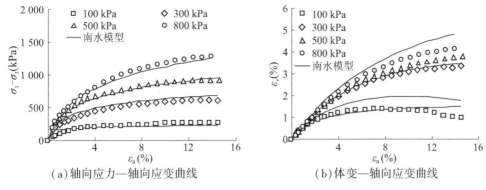

（a）轴向应力—轴向应变曲线　　　　　　　（b）体变—轴向应变曲线

图 2-17　心墙料南水模型模拟结果与试验结果对比

由图 2-10~图 2-17 可见,南水模型对于土体应力—应变曲线和体变曲线的描述效果都较好,说明对于南水模型的二次开发是合理的。

2.4.5　计算结果稳定性分析

为了进一步分析模型库子程序运行时单元划分精度对计算结果的影响,使用黏土心墙料的南水模型参数,模拟在 500 kPa 围压下的试验结果,来测试模拟结果的稳定性。共使用了三种网格密度,分别把模型划分为 192 个、630 个和 1 720 个单元进行模拟,图 2-18 所示为三个不同网格密度的模型。

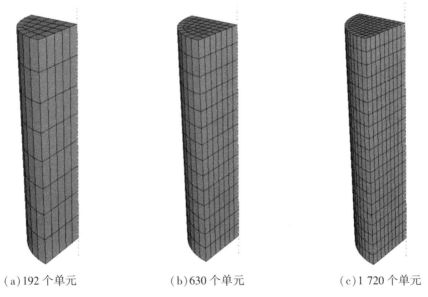

（a）192 个单元　　　　　（b）630 个单元　　　　　（c）1 720 个单元

图 2-18　不同网格密度的模型

图 2-19 为各种网格密度的模型计算的主应力差和轴向应变的关系图。从图 2-19 可以看出,应力应变关系的计算结果稳定性非常好,计算结果几乎不受网格密度的影响。以上验证说明子程序计算结果对单元密度关系不大,因而说明嵌入在 ABAQUS 平台上的子程序运行稳定,计算结果可靠。

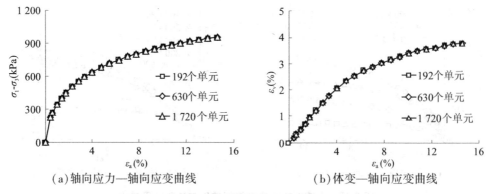

(a)轴向应力—轴向应变曲线　　　　　　　　(b)体变—轴向应变曲线

图 2-19　不同网格密度偏应力与轴向应变关系

2.5　本章小结

　　本章重点介绍了邓肯-张模型和南水模型,并基于 ABAQUS 有限元计算平台开发了相应的子程序。利用前坪水库主要筑坝材料的三轴试验结果,对所开发的子程序进行了验证,结果表明,程序预测的各种土料的三轴应力应变曲线与模型的特点相吻合;进一步地,改变有限元网格密度,程序计算的应力应变曲线与网格密度无关,说明有限元子程序的稳定性较好。综上所述,本章证明了所开发的子程序是合理的,可以用于对土石坝的计算。

第 3 章　筑坝材料物理力学特性试验研究

　　砂砾石料是分布于岸坡和河床的天然材料,具有强度高、浑圆度好等优点,且开采方便、成本低廉,在土石坝建设中得到了广泛应用。例如,我国已陆续兴建了黑泉、吉林台等面板砂砾石坝和前坪水库等心墙砂砾石坝。但是,关于砂砾石料的基本特性研究并不充分,随着青海沟后面板砂砾石坝的溃决,人们甚至对这一坝型的安全性产生了怀疑。

　　关于砂砾石料的研究,主要集中在其渗透性、强度特性等方面,近年来发展了胶凝砂砾石材料的相关工艺及技术。一般而言,工程界认为砂砾石料颗粒破碎率较低,因此相关研究通常忽视颗粒破碎的影响。事实上,在高应力状态下,堆石料的颗粒破碎已得到了重视,并开展了大量的研究;与堆石料作用相似的砂砾石料在颗粒破碎研究方面则较为滞后。土料的强度变形特性,关系到工程的安全与稳定,随着土石坝的建设高度突破 300 m 级,高应力状态下导致的坝壳料颗粒破碎将显著增加,不考虑砂砾石料颗粒破碎对其强度变形的影响显然是不科学的。

　　本章以前坪水库大坝为例,对筑坝材料进行了系列试验研究。心墙料和反滤料Ⅰ为细粒土,坝壳料、反滤料Ⅱ和覆盖层料为粗粒土。对心墙料开展了击实试验、界限含水率试验、颗粒分析试验等物理特性试验,对心墙料和反滤料Ⅰ进行渗透特性试验和三轴固结剪切试验;在对坝壳料等粗粒土进行试验之前,先进行了缩尺制备,其后进行了渗透特性试验和大型三轴固结剪切试验,并分析了坝壳砂砾石料颗粒破碎规律对数值计算结果的影响。通过各项试验,计算获取了筑坝材料的物理力学强度指标、邓肯-张模型参数、南水模型参数,为土石坝变形协调研究提供了可靠的计算参数。

3.1　工程概况

3.1.1　前坪水库概况

　　淮河流域洪水灾害分布很广,特别是北汝河流域,是淮河所有主要支流中唯一缺少大型水利控制工程的河流,受到洪水的威胁十分频繁、严重(见图 3-1),是历年淮河防汛中最薄弱的地带之一。据文献记载和调查,从 1320~2000 年的 680 年间,北汝河共受到大型洪水灾害 60 次,平均约 11 年 1 次。

　　北汝河发源于河南省洛阳市嵩县车村乡,流经嵩县的竹园乡上庄村娄子沟进汝阳县境内,曲折东流,至小店乡黄屯村东北入平顶山市境内,在襄城县丁营乡崔庄村岔河口处入沙颍河,全长约 250 km,河道坡降 1/200~1/300,流域面积 6 080 km²。

　　前坪水库位于淮河流域沙颍河支流北汝河上游、河南省洛阳市汝阳县县城以西 9 km 前坪村,是以防洪为主,结合灌溉、供水、兼顾发电的大(2)型水库。水库总库容 5.84 亿 m³,控制流域面积 1 325 km²。

　　　　　（a）北汝河洪水　　　　　　　　　　　（b）汛期洪灾严重

图 3-1　北汝河洪灾情况图

　　前坪水库工程可控制北汝河山丘区洪水,将北汝河防洪标准由 10 年一遇提高到 20 年一遇,同时配合已建的昭平台、白龟山、燕山、孤石滩等水库、规划兴建的下汤水库,以及泥河洼等蓄滞洪区共同运用,可控制漯河下泄流量不超过 3 000 m³/s,结合漯河以下治理工程,可将沙颍河的防洪标准远期提高到 50 年一遇。

　　水库灌区面积 50.8 万亩(1 亩 = 1/15 hm²,全书同),每年可向下游城镇提供生活及工业供水约 6 300 万 m³,水电装机容量 6 000 kW,多年平均发电量约 1 881 万 kW·h。

　　前坪水库设计洪水标准采用 500 年一遇,相应洪水位 418.36 m;校核洪水标准采用 5 000 年一遇,相应洪水位 422.41 m。工程主要建筑物包括主坝、副坝、溢洪道、泄洪洞、输水洞、电站等。

　　主坝采用黏土心墙砂砾(卵)石坝,跨河布置,坝顶长 810 m,坝顶路面高程 423.50 m,坝顶设高 1.2 m 混凝土防浪墙,最大坝高 90.3 m。副坝位于主坝右侧,采用混凝土重力坝结构形式,坝顶长 165 m,坝顶高程 423.50 m,坝顶设高 1.2 m 混凝土防浪墙,最大坝高 11.6 m。左岸布置溢洪道,闸室为开敞式实用堰结构形式,采用 WES 曲线形实用堰,堰顶高程 403.0 m,共 5 孔,每孔净宽 15.0 m,总净宽 75.0 m。闸室长度 35 m,闸室下接泄槽段,出口消能方式采用挑流消能。

　　泄洪洞布置在溢洪道左侧,进口洞底高程为 360.0 m,控制段闸室采用有压短管形式,闸孔尺寸为 6.5 m×7.5 m(宽×高),洞身采用无压城门洞形隧洞,断面尺寸为 7.5 m×8.4 m+ 2.1 m(宽×直墙高+拱高),洞身段长度为 518 m,出口消能方式采用挑流消能。右岸布置输水洞,采用竖井式进水塔,进口底高程为 361.0 m,控制闸采用分层取水,共设 4 层,最底部取水口孔口尺寸为 4.0 m×5.0 m(宽×高),其余 3 层取水口孔口尺寸均为 4.0 m×4.0 m(宽×高)。洞身为有压圆形隧洞,直径为 4.0 m,洞身长度为 275 m,洞身出口压力钢管接电站和消力池。

　　电站总装机容量为 6 000 kW,电站安装 3 台机组,其中 2 台机组为利用农业灌溉及汛期弃水发电,1 台机组为生态基流、城镇及工业供水发电。电站厂房由主厂房、副厂房和开关站组成,电站尾水管与尾水池相接,尾水池末端设灌溉闸和退水闸。

　　工程施工采用分期导流,一期利用原河道导流,在左岸施工泄洪洞、右岸施工导流洞;二期利用导流隧洞和泄洪洞导流,施工主坝、副坝、溢洪道、输水洞及电站等其他工程。工程总工期为 60 个月。

3.1.2　区域地质概况

前坪水库位于淮河最大支流沙颍河的支流北汝河上游,北汝河发源于豫西伏牛山区嵩县外方山跑马岭。流经嵩县、汝阳、汝州、郏县、宝丰、襄城 6 县(市),在襄城县丁营乡崔庄村岔河口汇入沙河,主河道长 250 km。北汝河呈东西走向,西南高、东北低,在汝阳紫罗山以上属于山区河道,河道宽 200~1 000 m。河床质为卵石夹砂,河床比降 1%~0.33%;紫罗山至襄城段为低山丘陵区,河槽骤然变宽,河道最大行洪宽度为 3 000~4 000 m,河床质为卵石夹砂,河床比降 0.30%~0.17%;襄城以下为平原区,河道变窄,最窄处仅有 100~200 m,河床内主要为砂,河道比降平缓,河身弯曲。

本区属华北地层区豫西分区,基底地层为太古界太华群深变质岩及混合岩系,出露厚度 5 000 m 以上。过渡层为元古界熊耳群偏基性、中性-酸性火山岩系,最大厚度 5 000 m。经嵩阳和王屋山两旋回发展,本区形成北西西向的二坳一隆构造格局,控制着以后的发展演化。在盖层中,中-晚元古代为海相沉积,北部以陆源碎屑为主,厚度 1 748~2 633 m;南部碳酸盐岩比较发育,厚近 6 000 m。寒武系-中奥陶系为海相碳酸盐岩夹泥质岩建造,厚约 2 000 m。中石炭统-三叠系为海陆交替相-陆相含煤碎屑岩系,厚约 5 000 m。中、新生代断坳内为陆相碎屑岩和火山岩。

3.1.3　水文与地质条件

前坪水库地处北温带向亚热带过渡区,属暖温带半湿润大陆性季风气候区,光照充足,气候温和,四季分明,年均温度 14.2 ℃,历年极端最高气温 44 ℃,极端最低气温-21 ℃,历年平均相对湿度为 66%,多年平均无霜期为 220 d 左右,历年最大冻土深 14 cm。气候变化受季风及地形特征的影响。年平均降水量为 761.7 mm,多年平均蒸发量为 958.9 mm,降雨年内分配不均,汛期 6~9 月的降水量占全年的 60% 左右,每年汛期暴雨,洪水峰高量大,水库以上山区是沙颍河洪水主要来源地之一。

本区地质构造复杂,大部分地区为岩基构成,地下水源不丰富。由于地质构造不同,各区的地下水源也有一定的差异。

北中部为低山丘陵区,岩层为一单斜,倾向南偏东,倾角 15°~50°。此区断层纵横,沟谷交错,地表水缺乏。但在部分碳酸岩地层分布构造部位打深井 50~100 m,不仅解决了人畜饮用水问题,还可部分用于灌溉。中部偏北是汝河径流区,区内含水层为第四系全新统砂卵石,含水层水量丰富,水位浅,易成井,一般埋深 5~20 m,底部为砂和卵石层。在 I 级阶地的汇水窝、挡水墙地带打井,均可获得 30~70 m³/h 的出水量,最大可达 350 m³/h,是本区的富水区。南部地区基本上由太古界、元古界火成岩地层组成,分布大多为火成岩裂隙和岩溶裂隙,区域断层稀疏。在火成岩和围岩接触带附近,在断层和各种构造形迹附近,在裂隙发育和地貌位置合适处打大口浅井可获得较大水量。

地下水水质类型属重碳酸酸型低矿化度淡水。矿化度 0.244~0.516 g/L,总硬度3.5~14 德国度,水温为 14.5~24.0 ℃,pH 值在 5.9~8.3,适合人畜饮用和农业灌溉。内埠、蔡店一带个别水井含 Na^+、Mg^{2+} 的可溶性盐含量高,水质苦涩,硝态氮含量高,不能饮用。局部地区细菌总数和大肠菌数超过国家标准,亚硝酸盐含量比较高。

3.2　心墙料基本物理特性试验

试验材料为取自现场的心墙料土样。根据《土工试验方法标准》(GB/T 50123—2019),按要求测定心墙料的最大干密度、界限含水率、比重、粒径分布等物理性质指标。

3.2.1　颗粒分析试验

本次试验采用筛析法和密度计法联合测定心墙料级配。称取 30 g 干燥心墙料,将试样小心装入锥形瓶,避免质量损失,并注水浸泡过夜。然后在砂浴上对锥形瓶进行煮沸,煮沸时间约 1 h。静置冷却,随后倒入瓷杯中,静置 1 min,再将上部悬液倒入量筒。用带橡皮头研柞仔细研磨杯底沉淀物,加水搅拌后,过 0.075 mm 筛进行冲洗,直至筛上仅留大于 0.075 mm 的颗粒。对留在洗筛上的大颗粒土体采用筛析法进行细筛筛析,对过筛悬液采用密度计法计算级配。根据试验结果计算各级颗粒占试样总质量的百分比,绘制颗粒分析曲线如图 3-2 所示。

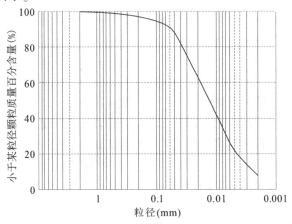

图 3.2　心墙料粒径分布曲线

3.2.2　界限含水率试验

采用光电式液塑限联合测定仪进行界限含水率试验,通过圆锥下沉深度与含水率关系图,查得下沉深度为 17 mm 所对应的含水率为液限,下沉深度为 2 mm 所对应的含水率为塑限,以百分数表示,准确至 0.1%。

3.2.3　比重试验

采用比重瓶法测定心墙料的比重,称取 15 g 烘干样装入干燥的比重瓶内,在比重瓶中注入纯水至瓶 1/2 体积处,并在砂浴上煮沸,时刻注意防止土液溅出而导致试验结果无效,本次煮沸时间超过 1 h。将比重瓶静置,待土液冷却后称量瓶、水、土总质量并进行记录,记录完毕后继续测量水温,根据测得的温度,查表获得对应温度的瓶、水总质量,进而计算土体比重。本次试验称量准确至 0.001 g,共进行了两次平行测定,平行差值为 0.02,试验精确程度高,满足规范要求。

3.2.4　击实试验

本次采用轻型击实试验来获取心墙料的最大干密度。通过试验得到了心墙料的干密度与含水率关系曲线,见图 3-3,最优含水率及对应的最大干密度见表 3-1。

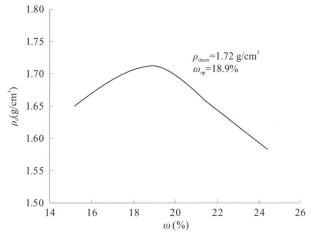

图 3-3　干密度与含水率关系曲线

表 3-1　心墙料的击实试验结果汇总

土样	最大干密度 ρ_{dmax}(g/cm^3)	最优含水率 ω_{op}(%)
心墙料	1.72	18.9

通过心墙料的颗粒分析试验、界限含水率试验、比重试验、击实试验等物理性质试验,得到的心墙料主要物理特性参数见表 3-2。

表 3-2　心墙料的物理性质指标汇总

土样	比重 G_s	液限 ω_L	塑限 ω_p	塑性指数 I_p	颗粒级配组成(颗粒粒径,mm)				
					2~0.5	0.5~0.25	0.25~0.075	0.075~0.005	<0.005
心墙料	2.72	45.2%	21.7%	23.5	1.7%	2.0%	4.8%	69.7%	21.8%

3.3　粗粒料试验级配

本书取自现场的粗粒土试验材料具体有坝壳料、反滤料Ⅱ及覆盖层土样。粗粒土是指由大小岩石(砾石和漂石等)颗粒彼此填充集合而成的粒状散粒体结构材料。粗粒土的黏聚力为 0,该性质与砂类似,但其工程特性与砂相差很大,其力学特性与颗粒形状、大小、强度、应力状态、级配及颗粒破碎等因素有很大的联系,其中颗粒大小的影响最大。目前,土石坝常用的坝壳料最大粒径能达 1 m 以上。对于高土石坝,最大粒径更大,除特制仪器外,现有试验仪器根本无法进行原级配力学特性试验,同时无限制地增加试验仪器尺寸意义不大,也是不太现实的,故而一大批学者开始对大粒径材料进行缩尺制备与研究。

通过对缩尺后的试验用料进行试验确定实际级配材料的力学性质,替代级配料与原级配料之间力学性质的差异即一般所指的缩尺效应。常用的缩尺方法有两种:相似级配法和等量替代法。其中,相似级配法通过增加细颗粒延续了材料级配关系不变,一般来讲,小于 5 mm 颗粒含量不应大于 15%~30%,防止细颗粒含量过高,影响材料力学特性;等量替代法保持了粗颗料级配的连续性,延续了粗颗粒的骨架支撑作用,适用于超粒径含量小于 40%的粗粒料。

等量替代法可以表示为

$$P_i = \frac{P_{oi}}{P_5 - P_{dmax}} P_5 \qquad (3-1)$$

式中:P_i 为等量替代后某粒组的百分含量(%);P_{oi} 为原级配某粒组的百分含量(%);P_5 为大于 5 mm 的百分含量(%);P_{dmax} 为超粒径的百分含量(%)。

相似级配法计算公式为

$$P_{dn} = \frac{P_{do}}{n} \qquad (3-2)$$

式中:P_{dn} 为粒径缩小后相应的小于某粒径的百分含量(%);P_{do} 为原级配相应的小于某粒径的百分含量(%);n 为粒径的缩小比例。

坝壳料现场检测级配和试验级配按设计要求确定,见表 3-3;通过反滤料Ⅱ设计级配包络线确定的试验级配见表 3-4;对于覆盖层级配,《水电水利工程粗粒土试验规程》(DL/T 5356—2006)尚未明确规定采用何种缩尺方法,本次采用等量替代法进行级配缩制,试验级配见表 3-5。

表 3-3　前坪水库坝壳料原级配及试验级配

级配特性	小于某粒径颗粒质量百分含量(%)										
	100 mm	80 mm	60 mm	40 mm	20 mm	10 mm	5 mm	2 mm	0.5 mm	0.25 mm	0.075 mm
上包线	100	85	71.5	58.1	37	31	24.4	17.7	6.9	3.6	0.9
上包线试验级配			100	78.5	44.6	33.5	24.4	17.7	6.9	3.6	0.9
平均线	100	75.1	67.2	51.5	34.2	23	18.9	12.1	3.0	1.2	0.4
平均线试验级配			100	73.6	44.6	26.1	18.9	12.1	3.0	1.2	0.4
下包线	100	63.4	55.5	37.5	27.8	20	16.4	8.2	1.1	0.7	0.2
下包线试验级配			100	61.5	40.8	24.1	16.4	8.2	1.1	0.7	0.2

表 3-4　前坪水库反滤料Ⅱ设计级配包络线及试验级配

级配特性	小于某粒径颗粒质量百分含量(%)							
	50 mm	40 mm	25 mm	20 mm	10 mm	5 mm	4 mm	2 mm
设计级配上包线				100	87	52	30	24	4
设计级配下包线	100	87	61	52	30	10	4	
设计级配平均线及试验模拟级配		100	80.5	69.5	41	20	14	2

表 3-5　前坪水库覆盖层料现场检测级配与试验级配

级配特性	小于某粒径颗粒质量百分含量(%)									
	200 mm	100 mm	60 mm	40 mm	20 mm	10 mm	5 mm	1 mm	0.5 mm	0.25 mm
覆盖层现场检测级配	100	71.8	56	38	28	20	16.8	8	4.6	0.5
试验模拟级配			100	61.8	40.6	23.6	16.8	8	4.6	0.5

采用坝壳料和反滤料Ⅱ级配平均线试样进行相对密度试验,现场级配及试验级配如图 3-4 所示。试样筒尺寸为 $\phi300\times360$ mm。其中,最小干密度试验采用人工法,最大干密度试验采用振动法,试验结果见表 3-6。

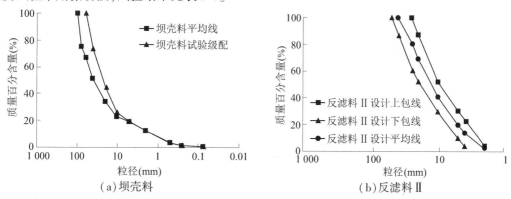

图 3-4　设计级配及试验级配曲线

表 3-6　粗粒土相对密度试验

坝体分区	级配特性	最小干密度(g/cm³)	最大干密度(g/cm³)
坝壳料	平均线	1.80	2.24
反滤料Ⅱ	平均线	1.69	2.05

3.4　渗透特性试验研究

3.4.1　渗透系数试验

本次进行了 1 组中型渗透系数试验和 3 组大型渗透系数试验。

对于低渗透系数的心墙料,采用变水头法进行渗透系数试验,试样尺寸为 $\phi100\times90$ mm。按照心墙料的最大干密度在环刀中制备试料,采用真空抽气法饱和,试样饱和后将装有饱和试样的环刀装入渗透容器,并与水头装置连通。设定一段适中的水头高度静置试样,由于心墙渗透系数低,水头高度不宜过低,导致试验时间过长;也不宜过高,防止来不及测记数据。当出水口开始溢水时,开始记录水头高度随时间的变化和出水口的温度,按预定时间间隔连续测记数次,重复试验 5~6 次。

其余筑坝材料渗透系数试验在大型渗透仪上进行,试验采用常水头法,试样尺寸为 $\phi300\times300$ mm,其中 300 mm 为渗径。各粗粒料按照级配表 3-3~表 3-5 进行试样的称取,反滤料 I 的级配按照表 3-7 进行称取。

表 3-7　反滤料 I 的颗粒级配

土样	小于某粒径颗粒质量百分含量(%)				
	>2 mm	2~1 mm	1~0.5 mm	0.5~0.25 mm	<0.25 mm
反滤料 I	25.0	22.5	20.0	20.0	12.5

试样装样时在仪器壁内侧涂以凡士林以避免沿仪器壁集中渗漏,本次试验采用振动击实法分三层进行装样,并采用滴水饱和法使试样完全饱和,在水流和测压管水位稳定后,开始测定一定时间内的出水量和进、出水口的温度,并采用下式计算标准温度 20 ℃时试样的渗透系数 K_{20}:

$$K_T = \frac{QL}{AHt} \tag{3-3}$$

$$K_{20} = K_T \frac{\eta_T}{\eta_{20}} \tag{3-4}$$

式中:K_T 为水温为 $T(℃)$ 时的渗透系数,cm/s;Q 为时间 $t(s)$ 内的渗透水量,cm^3;A 为试样断面面积,cm;L 为测压孔中间的距离,cm;H 为测压管水位差,cm;t 为时间,s;$\frac{\eta_T}{\eta_{20}}$ 为水在 $T(℃)$ 时的动黏滞系数与标准温度时的动黏滞系数比值。

计算得出筑坝材料渗透系数见表 3-8。可以看出:心墙料的渗透系数很小,为 2.06×10^{-6} cm/s,远小于剩余三种材料,起到了大坝防渗作用,符合心墙土石坝结构设计要求。

表 3-8　筑坝材料渗透系数

土样	级配	相对密度 (密实度)	干密度 ρ_d (g/cm^3)	渗透系数 K_{20} (cm/s)
心墙料	天然级配	—	1.72	2.06×10^{-6}
反滤料 I	平均线	0.75	1.84	3.14×10^{-3}
坝壳料	平均线	0.80	2.14	4.27×10^{-2}
反滤料 II	平均线	0.75	1.95	4.58×10^{-1}

3.4.2　渗透变形试验

依据《土工试验规程》(SL 237—1999)中《粗颗粒土的渗透及渗透变形试验》(SL 237—056—1999)进行大型渗透变形试验。本次试验采用垂直渗透仪,渗流方向从下向上,试样直径为 300 mm,渗径 300 mm。为了防止颗粒离析堵塞试验透水板,在透水孔直径为 2 mm 的透水板上部铺一层滤网,并在仪器壁内侧涂以凡士林以避免沿仪器壁集中渗漏。

对于细粒土,根据试验要求的干密度和含水率分别计算所需添加水的体量,制备好所需试样并分成三等份,拌和均匀,采用人工击实法分层击实,并在每层试样接触面处刨毛,试样安装完毕后,在顶部加固定反力装置,防止试样浮起。本次试样饱和采用的是抽气饱和与水头饱和联合法。对于粗粒土,试样制备方式与细粒土一致,试样采用水头饱和法使其饱和。

进行渗透变形试验时,在每一级水头压力下,在确保测压管数值稳定后,即渗流稳定之后方可开始测记该级试验数据,记录完毕后,调节水头压力,进行下一级试验直至试样发生渗透破坏,停止试验,计算破坏坡降。

采用下面两式分别计算渗透坡降 i 和渗流流速 v:

$$i = \frac{\Delta H}{L} \tag{3-5}$$

$$v = \frac{Q}{At} \tag{3-6}$$

式中:ΔH 为测压管水头差,cm;L 为与 ΔH 对应的渗径长度,cm;Q 为时间 t 内的渗透水量,cm³;A 为试样横截面面积,cm²;t 为时间,s。

当发生管涌破坏时,采用下式确定土体临界坡降 i_k 与破坏坡降 i_F:

$$i_k = (i_1 + i_2)/2 \tag{3-7}$$

$$i_F = (i_1' + i_2')/2 \tag{3-8}$$

式中:i_2 为开始出现管涌时的坡降;i_1 为出现管涌时的前一级坡降;i_2' 为破坏时的渗透坡降;i_1' 为破坏前一级的坡降。

当为流土破坏时,取破坏前一级的渗透坡降为破坏坡降 i_F。

由上述方法整理出渗透变形试验结果见表 3-9,渗透变形试验曲线见图 3-5,其中心墙料和反滤料Ⅰ发生渗透破坏类型为流土破坏,粗粒土渗流破坏方式为管涌破坏,破坏坡降远小于心墙料。

表 3-9 筑坝材料渗透变形试验结果

土样	级配特性	相对密度 (密实度)	试验干密度 (g/cm³)	临界坡降	破坏坡降	破坏方式
心墙料	天然级配	—	1.72	33.11	34.65	流土
反滤料Ⅰ	平均线	0.75	1.84	1.51	1.62	流土
坝壳料	平均线	0.80	2.14	0.46	0.98	管涌
反滤料Ⅱ	平均线	0.75	1.95	0.18	0.47	管涌

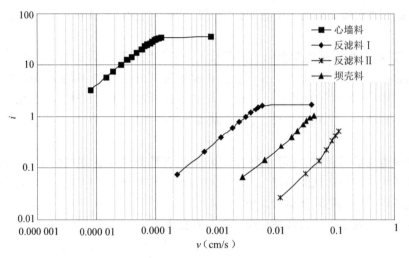

图 3-5　筑坝材料渗透变形试验曲线

3.4.3　联合抗渗反滤试验研究

为了确定反滤土料在渗流作用下对被保护土料的保护效果,本次采用常水头法进行联合抗渗反滤试验。试验渗流方向为从下向上,试样直径为 300 mm,试验材料的渗径均为 300 mm,两者之间布设测压管测量水头。为了防止颗粒离析堵塞试验透水板,在透水孔直径为 2 mm 的透水板上部铺一层滤网,并在仪器壁内侧涂以凡士林以避免沿仪器壁集中渗漏。

对于心墙土料,采用人工击实法分层击实。完成心墙土料制样后,安装反滤料 I 试样,其中反滤料 I 试样采用振动击实法进行制样。在所有制样制备完成后,在顶部加固定反力装置,防止试样浮起。随后采用抽气饱和与水头饱和联合法进行试样饱和,在每级压力稳定后测记测压管水位及渗透流量,计算出渗透速度与渗透坡降,然后逐级提高水头压力,直至试样破坏。

对于粗粒土,试验仪器、试样直径、渗径均与细粒土反滤试验一致。装样时,首先加 1% 的水拌和均匀,随后采用振动击实法分三层进行装样,试样成型后采用滴水饱和法使其饱和,在水流和测压管水位稳定后,开始测定一定时间内的出水量,继续下一级试验直至试样发生渗透破坏,停止试验,计算破坏坡降。筑坝材料反滤试验结果见表 3-10。

表 3-10　筑坝材料反滤试验结果

被保护料名称 /试验级配 /试样干密度(g/cm³)	保护料名称/试验级配 /试样干密度(g/cm³)	被保护料临界坡降	被保护料破坏坡降
心墙土料/天然级配/1.72	反滤料 I /平均线/1.84	95.2	98.1
反滤料 I /平均线/1.84	反滤料 II /平均线/1.95	8.64	9.31
反滤料 II /半均线/1.95	坝壳料/半均线/2.14	0.42	1.02

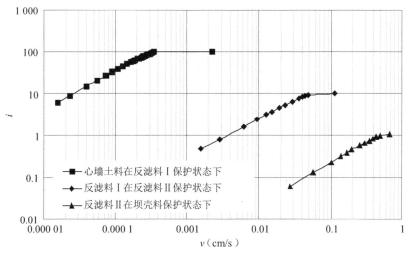

图 3-6　反滤试验曲线

从表 3-10 和图 3-6 可以看出,对于心墙料在反滤料 I 保护下的反滤试验,心墙土料渗透系数为 $2.06×10^{-6}$ cm/s、反滤料 I 为 $3.14×10^{-3}$ cm/s,渗透系数相差约千倍,反滤料 I 能够对心墙料起到良好的排水作用,且试验过程中渗透水头主要由心墙料承担,反滤料 I 几乎不承担水头。当心墙土料的坡降超过 98.1 后,溢出口水流增大,试样发生了整体流土破坏。在反滤料 I 保护下,心墙土料破坏坡降获得了十分明显的提高,本次反滤料 I 材料选取适当,能够保护心墙土料,起到很好的反滤作用。

由上述渗透系数试验,可以发现反滤料 II 渗透系数远远大于反滤料 I,相差约百倍,在反滤试验过程中,反滤料 I 承担了绝大部分的渗透水压力,而反滤料 II 几乎不承担水头,反滤料 II 具有十分显著的排水减压、提高破坏坡降的作用,两者结合以后,整体破坏坡降提高明显,可有效地提高坝体渗流稳定性。

对于反滤料 II 在坝壳料保护状态下的反滤试验,两种材料均为透水性材料,因此均能够迅速排出渗透水流。由于反滤料 II 细粒含量较低,小于 2 mm 粒径颗粒只占 2%,其渗透系数也要大于坝壳料,试验结果显示在坝壳料保护状态下反滤料 II 的破坏坡降提高并不明显,有待进一步的修正调整。

3.5　细粒土三轴剪切试验研究

3.5.1　试验方法和方案

根据《土工试验规程》(SL 237—1999)中《三轴压缩试验》(SL 237—017—1999)相关规定,本次三轴剪切试验采用 TSZ 全自动三轴试验仪(见图 3-7),试样直径为 39.1 mm,高度为 80 mm。常规三轴剪切试验步骤主要包括试样制备、试样饱和、试样固结和排水剪切 4 个阶段。

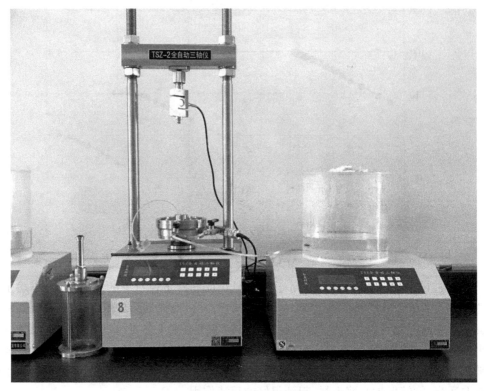

图 3-7　TSZ 全自动三轴试验仪

3.5.1.1　试样制备

反滤料 I 的相对密度为 0.75,所对应的干密度为 1.84 g/cm³。

将透水石和滤纸放于饱和器底座,安装成型筒,随后,将混合均匀的试样分层装入并夯实。整个制样过程需确保试样填装均匀、表面规整,在最后一层试样填装完成后,在试样表面先后放上滤纸和透水石,安装试样帽最后扣紧。

3.5.1.2　试样饱和

根据《土工试验规程》(SL 237—1999)中《土样和试样的制备》(SL 237—002—1999)扰动土样的饱和方法,对于不易透水的黏性土采用真空抽气饱和的方法进行饱和。

装好试样后,将饱和器放入真空缸,盖上缸盖。随后将抽气机与真空缸接通,开动抽气机,当真空表达到约 1 个大气压负压力之后,继续抽气 1 h 后,打开通气管阀门,让清水缓缓注入缸内。待饱和器完全淹没在水中之后,即停止抽气并让空气进入缸内,静置一段时间,借大气压力使试样饱和。

3.5.1.3　试样固结

试样饱和后,在三轴仪上安装试样,使压力室充满水并稳定,关闭排水阀,测记孔隙水压力的起始读数,施加围压到预计值,本次试验各试样围压分别取 100 kPa、300 kPa、500 kPa、800 kPa,保持恒定,之后打开排水阀,使试样开始排水固结,电脑自动测记孔隙水压力,当其值与初始孔隙水压力基本相等时,认为固结完成。

3.5.1.4　排水剪切

固结完成后,使试样保持排水状态进行试样剪切,心墙料的剪切速率为 0.008 mm/min,

反滤料 I 的剪切速率为 0.08 mm/min,当试样轴向应变达到 15% 时结束试验,剪切过程中试样应力、变形由仪器自动测得并将相关试验数据存入计算机,以便后续分析计算。

结合现场的实际情况,设计得到三轴试验具体试验方案如表 3-11 所示。

表 3-11　三轴试验方案

土样	密度	级配	试验类型	围压(kPa)
心墙料黏土	最大干密度	天然级配	固结排水剪	100、300、500、800
反滤料 I	相对密度 0.75	级配见表 3-7	固结排水剪	100、300、500、800

3.5.2　三轴剪切试验结果

由试验得到的偏应力—轴向应变曲线、体变—轴向应变曲线和莫尔-库仑强度包络线见图 3-8~图 3-10。

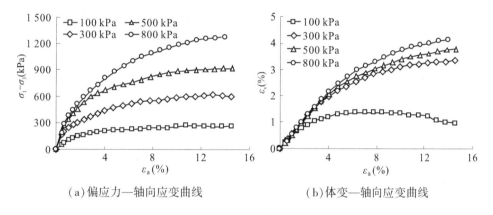

（a）偏应力—轴向应变曲线　　　　（b）体变—轴向应变曲线

图 3-8　心墙料应力应变关系曲线

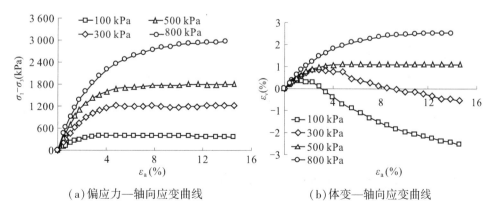

（a）偏应力—轴向应变曲线　　　　（b）体变—轴向应变曲线

图 3-9　反滤料 I 应力应变曲线

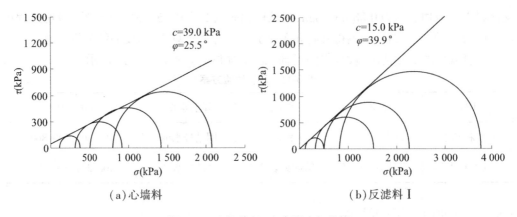

(a)心墙料　　　　　　　　　　(b)反滤料Ⅰ

图 3-10　土体莫尔–库仑强度包络线

3.5.3　模型参数整理结果

根据本章 3.5.2 部分心墙料和反滤料Ⅰ的三轴固结排水剪应力应变和体变关系曲线,并结合 2.2 部分和 2.3 部分中的模型参数整理方法,最终整理出的邓肯–张 $E-B$ 模型参数和南水模型参数见表 3-12、表 3-13。

表 3-12　心墙料及反滤料Ⅰ邓肯–张 $E-B$ 模型参数

土样	ρ_d(g/cm)	φ_0(°)	$\Delta\varphi$(°)	K	n	R_f	K_b	m
心墙料	1.72	32.9	6.4	146.5	0.43	0.78	56.1	0.34
反滤料Ⅰ	1.84	42.0	2.0	371.5	0.51	0.80	216.7	0.38

表 3-13　心墙料及反滤料Ⅰ的南水模型参数

土样	ρ_d(g/cm)	φ_0(°)	$\Delta\varphi$(°)	K	n	R_f	c_d(%)	n_d	R_d
心墙料	1.72	32.9	6.4	146.5	0.43	0.78	1.54	0.54	0.77
反滤料Ⅰ	1.84	42.0	2.0	371.5	0.51	0.80	0.33	0.89	0.63

从表 3-12、表 3-13 中可看出两种材料的 φ_0 值分别为 32.9°和 42.0°,反滤料Ⅰ φ_0 值大于心墙料,K 值也大于心墙料,反滤料Ⅰ的强度高于心墙料。反滤料Ⅰ在低围压情况下会先剪缩再剪胀,而心墙料只发生剪缩。

由于过渡层的存在,坝壳料与心墙料之间可以平滑地过渡,因此要求过渡层有着较高的强度和变形模量。过渡层对被支撑的坝壳料起类似于垫板的作用,将作用于过渡层上的库水压力较均匀地传递给下游的心墙,同时又可以缓和坝壳变形对心墙的影响,改善心墙内部的应力。

3.6　粗粒土静力大三轴试验研究

3.6.1　试验仪器

本次试验采用水利部土石坝破坏机制与防控技术重点实验室的大型三轴仪(见图 3-11),

试样尺寸为 ϕ300×700 mm,该仪器可进行不同应力路径条件下粗颗粒料的大型三轴剪切试验。仪器主要技术指标:最大围压 2.5 MPa,最大轴向荷载 700 kN,最大轴向动出力 500 kN,最大垂直变形 150 mm。

（a）　　　　　　　　　　　（b）

图 3-11　大型三轴剪切试验仪及装样完成图

3.6.2　试验步骤

本次试验依据各粗粒土级配、干密度要求,按 60～40 mm、40～20 mm、20～10 mm、10～5 mm、5～1 mm、1～0 m 六种粒径范围分成五等份进行试样的称取。结合前人所做的试验,通过相对密度试验确定干密度区间,进而确立了不同干密度的三轴固结剪切试验设计方案,见表 3-14。反滤料Ⅱ试样干密度根据设计提供的相对密度确定,取 0.75,覆盖层料取天然干密度检测平均值。对于坝壳料,采用四种相对干密度 0.65、0.75、0.80、0.90 分别进行了大三轴试验,最终获得了四组模型参数,并据此在数值模拟中研究坝壳料密度对土石坝变形协调的影响。

表 3-14　大三轴试验方案

坝体分区	设计相对密度	试验级配	试验干密度（g/cm³）	试验围压(kPa)
坝壳料	0.65	平均线试验级配	2.06	300、600 900、1 200
	0.75		2.11	
	0.80		2.14	
	0.90		2.19	
反滤Ⅱ	0.75	平均线	1.95	
覆盖层	—	缩尺处理 现场检测级配	1.92	

除尺寸之外,大三轴试验与常规三轴试验过程类似,具体试验过程如下:

(1)试样制备:首先使制备好的试样拌和均匀,将透水板放在试样底座上,在底座上扎好橡皮膜,之后安装成型筒,将橡皮膜外翻在成型筒上,在成型筒外抽气,使橡皮膜紧贴成型筒内壁。采用振动击实法依次填入各层试样,确保试样均匀密实。最后卸下成型筒,试样安装完成。

(2)浸水饱和:向仪器压力室注水,采用常水头法进行试样饱和。

(3)试样固结:试样装好后,施加并保持设计的 300 kPa、600 kPa、900 kPa 和 1 200 kPa 四种围压其中一种进行试样固结。

(4)试样剪切:试样固结完成后,采用应变控制进行试样剪切,整个剪切过程由计算机采集试样的轴向荷载、轴向变形、排水量,并同步绘制偏应力—轴向应变、体变—轴向应力等试验曲线,当试样轴向应变达到20%或者出现应力软化现象时,中止增加轴向应变,认为试验完成。试验材料的破坏强度取为应力峰值,若不存在峰值点,则取15%轴向应变对应的偏应力值。

(5)整理试验参数,并重复上述试验过程,最终完成不同粗粒土材料、不同围压下的大三轴试验。

3.6.3　试验结果

根据试验获得的偏应力—轴向应变、体变—轴向应变、摩尔–库仑强度包络线(见图3-12~图3-18),可以看出:坝壳料相对密度从0.65增加到0.90,在相同围压条件下,坝壳料的强度是逐渐增大的;在同样的相对密度条件下,随着围压的增加,坝壳料的强度逐渐增大;相对密度较低为0.65时,坝壳料仅在围压为300 kPa时先剪缩后剪胀,围压为600 kPa、900 kPa、1 200 kPa情况下,坝壳料只发生剪缩;随着相对密度的提高,坝壳料即使在高围压情况下,也将先剪缩再剪胀;坝壳料在任何相对密度、任何围压下均发生应变软化现象,且相对密度越高,软化特征越明显;反滤料Ⅱ和覆盖层料在不同围压下均发生应变硬化,其中反滤料Ⅱ有应变软化趋势。

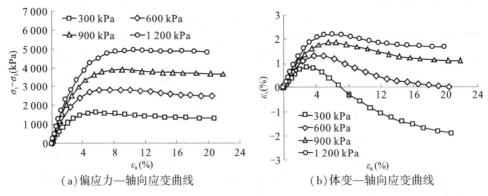

(a)偏应力—轴向应变曲线　　　　　(b)体变—轴向应变曲线

图3-12　D_r=0.65 坝壳料应力应变曲线

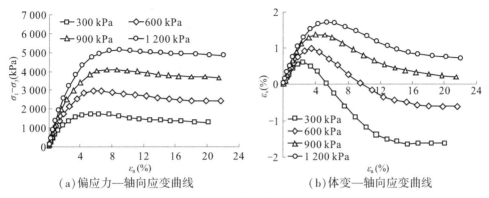

（a）偏应力—轴向应变曲线　　　　　（b）体变—轴向应变曲线

图 3-13 $D_r = 0.75$ 坝壳料应力应变曲线

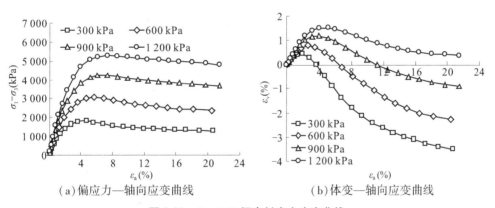

（a）偏应力—轴向应变曲线　　　　　（b）体变—轴向应变曲线

图 3-14 $D_r = 0.80$ 坝壳料应力应变曲线

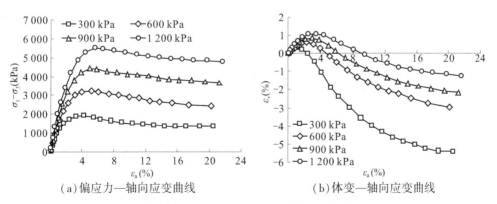

（a）偏应力—轴向应变曲线　　　　　（b）体变—轴向应变曲线

图 3-15 $D_r = 0.90$ 坝壳料应力应变曲线

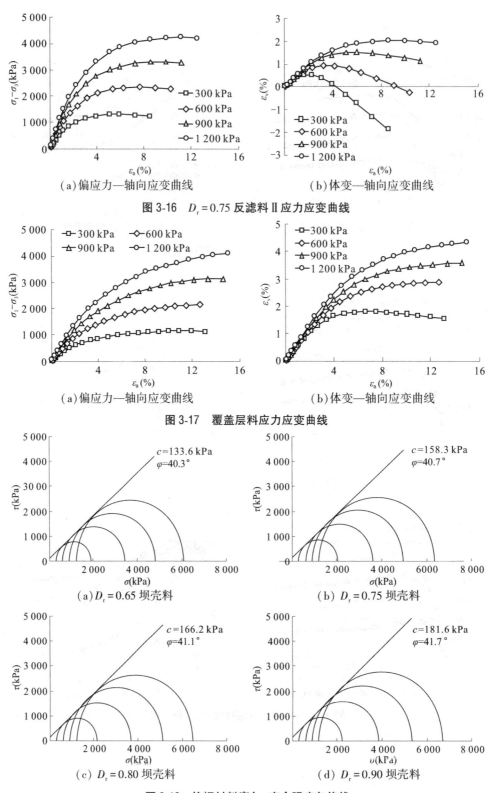

（a）偏应力—轴向应变曲线　　　　　　（b）体变—轴向应变曲线

图 3-16　$D_r = 0.75$ 反滤料 Ⅱ 应力应变曲线

（a）偏应力—轴向应变曲线　　　　　　（b）体变—轴向应变曲线

图 3-17　覆盖层料应力应变曲线

（a）$D_r = 0.65$ 坝壳料　　　　　　（b）$D_r = 0.75$ 坝壳料

（c）$D_r = 0.80$ 坝壳料　　　　　　（d）$D_r = 0.90$ 坝壳料

图 3-18　筑坝材料摩尔-库仑强度包络线

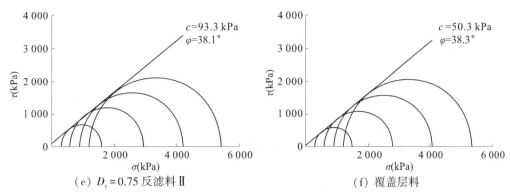

（e）$D_r=0.75$ 反滤料 Ⅱ　　　　　　　　　　（f）覆盖层料

续图 3-18

　　通过 2.2 部分和 2.3 部分方法计算得出模型参数见表 3-15、表 3-16。可以看出，随着坝壳料密度的增大，参数 φ_0、K 值逐渐增大，说明坝壳料变得越来越"硬"，强度越来越高。

表 3-15　大型三轴剪切试验邓肯–张 E–B 模型参数

坝体分区	级配特性	相对密度	干密度（g/cm³）	$\varphi_0(°)$	$\Delta\varphi(°)$	K	n	R_f	K_b	m
坝壳料	平均线	0.65	2.06	50.6	7.7	534.0	0.49	0.62	410.5	0.17
		0.75	2.11	52.4	8.8	680.1	0.42	0.61	609.7	0.12
		0.80	2.14	53.1	9.0	885.9	0.39	0.60	931.7	0.01
		0.90	2.19	54.2	9.3	1 264.9	0.34	0.63	1 374.0	−0.02
反滤 Ⅱ	平均线	0.75	1.95	46.5	6.5	583.0	0.45	0.67	490.3	0.14
覆盖层	平均线	—	1.92	43.1	3.7	300.8	0.46	0.70	190.3	0.17

表 3-16　大型三轴剪切试验南水双屈服面模型参数

坝体分区	级配特性	相对密度	干密度（g/cm³）	φ_0（°）	$\Delta\varphi$（°）	K	n	R_f	c_d（%）	n_d	R_d
坝壳料	平均线	0.65	2.06	50.6	7.7	534.0	0.49	0.62	0.39	0.70	0.56
		0.75	2.11	52.4	8.8	680.1	0.42	0.61	0.26	0.75	0.52
		0.80	2.14	53.1	9.0	885.9	0.39	0.60	0.17	0.88	0.50
		0.90	2.19	54.2	9.3	1 264.9	0.34	0.63	0.12	0.90	0.50
反滤 Ⅱ	平均线	0.75	1.95	46.5	6.5	583.0	0.45	0.67	0.18	0.96	0.59
覆盖层	平均线	—	1.92	43.1	3.7	300.8	0.46	0.70	0.90	0.63	0.68

3.7　粗粒土颗粒破碎特性研究

3.7.1　颗粒破碎

对静力三轴试验前和在不同相对干密度、不同围压下的固结剪切试验后的坝壳砂砾石料进行颗粒筛分试验,获得不同情况下的各粒组质量百分含量,见表 3-17,并采用分形理论对砂砾石坝壳料颗粒破碎程度进行了详细的研究。

表 3-17　颗粒筛分试验结果

相对密度	围压(kPa)	各粒组质量百分含量(%)				
		60~40 mm	40~20 mm	20~10 mm	10~5 mm	5~0 mm
试验前	—	26.4	29.0	18.5	7.2	18.9
0.65	300	24.3	28.2	19.3	8.2	20.0
	600	22.7	26.8	19.9	9.1	21.5
	900	20.6	26.4	20.8	9.7	22.5
	1 200	19.8	25.3	20.8	10.3	23.9
0.75	300	24.0	27.9	19.8	8.2	20.2
	600	22.6	27.2	20.2	8.6	21.4
	900	20.6	26.4	20.4	9.6	23.0
	1 200	19.6	25.3	21.0	10.0	24.1
0.80	300	23.9	27.8	19.8	8.4	20.1
	600	22.3	27.2	20.1	8.9	21.5
	900	20.4	26.5	20.1	9.9	23.1
	1 200	19.5	24.9	21.0	10.3	24.3
0.90	300	24.2	28.1	19.7	7.9	20.2
	600	22.2	27.4	19.7	8.9	21.8
	900	20.8	26.5	20.0	9.9	22.8
	1 200	19.3	25.2	21.1	10.1	24.4

目前,关于粗粒土颗粒破碎的三轴试验数据虽然较多,但是试验通常加载到出现峰值应力或者在 15% 的轴向应变时停止,而粗粒土的临界状态一般出现在 20%~30% 的轴向应变,即此前的颗粒破碎试验无法准确反映临界状态时的颗粒破碎规律。土体的临界状态被定义为一个极限状态:在此状态下,围压、剪切力、体变保持恒定而剪切应变无限发展。在本试验中,每个试样加载到轴向应变大于 20%,开始出现偏应力和体变趋于定值的特征,即土体达到临界状态。

图 3-19(a)给出了制样相对密度 $D_r=0.65$ 时,不同围压下的试样在试验后各粒组含量的变化;图 3-19(b)则给出了各试样在试验后具体的级配分布曲线。图 3-19(a)中所谓粒组含量的变化,即利用试验后各个粒组的含量减去初始级配对应粒组的含量。

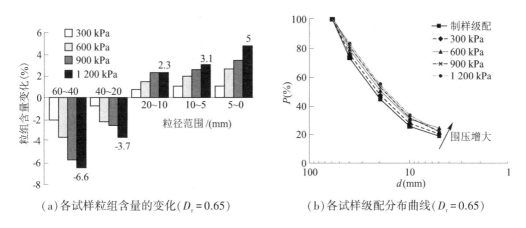

(a)各试样粒组含量的变化($D_r=0.65$)　　(b)各试样级配分布曲线($D_r=0.65$)

图 3-19　相同相对密度的试样在不同围压下的颗粒破碎规律

从图 3-19 可以看出,关于颗粒破碎的两个特征:

第一个特征,对于任意一个特定的粒组,粒组含量的变化量随着围压的增大而增大,如图 3-19(a)所示。以 60~40 mm 这一粒组为例,围压为 300 kPa 时,该粒组含量在试验之后降低了 2.1%,而围压为 1 200 kPa 时,该粒组含量降低了 6.6%。可见,围压越大,各个粒组含量变化越大,即颗粒破碎的程度随着围压的增大而增大,试验后的级配曲线偏离初始级配曲线越远,如图 3-19(b)所示。

第二个特征,无论是低围压还是高围压,都是 60~40 mm 和 40~20 mm 这两个粒组的含量降低,而 20~10 mm、10~5 mm 和 5~0 mm 这三个粒组的含量增大,如图 3-19(a)所示。由此可以推断,即使继续增大围压,颗粒破碎也不会无限制发展,比如不会出现 60~5 mm 的大粒径颗粒都破碎变为 5~0 mm 的极端情况。这一现象与 Einav 的观点相吻合,即对于一个特定级配的粗粒土,颗粒破碎不会无限发展,而是存在一个极限级配。

简言之,初始级配和相对密度一定时,围压对粗粒土的颗粒破碎影响显著:围压越高,颗粒破碎越严重。

图 3-20(a)和图 3-20(b)分别给出了围压 1 200 kPa 和围压 300 kPa 时不同相对密度的试样粒组含量的变化,图 3-20(c)给出了围压 1 200 kPa 时各试样在试验后的级配曲线。从图 3-20(a)和图 3-20(b)可见,无论是在低围压还是在高围压下,不同相对密度的试样在临界状态时各个粒组含量的变化量几乎相等。换言之,不同相对密度的试样在相同的围压下,颗粒破碎的程度是相同的,即试验后的级配曲线趋于相同。以围压 1 200 kPa 为例,相对密度不同的试样,在临界状态时的级配曲线基本重合,如图 3-20(c)所示。

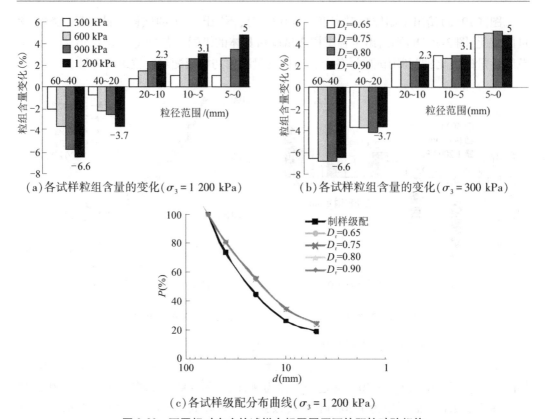

(a) 各试样粒组含量的变化(σ_3 = 1 200 kPa)　　　(b) 各试样粒组含量的变化(σ_3 = 300 kPa)

(c) 各试样级配分布曲线(σ_3 = 1 200 kPa)

图 3-20　不同相对密度的试样在相同围压下的颗粒破碎规律

简言之,初始级配和围压一定时,相对密度对于粗粒土的颗粒破碎几乎无影响,不同相对密度的试样达到临界状态时趋向于相同的级配。

综上所述,初始级配相同的粗粒土在临界状态时的颗粒破碎程度只与围压呈正相关,而与相对密度无关。不同相对密度的试样在相同围压下都会趋向于同一级配。

3.7.2　分形维数

分维模型在岩土材料颗粒破碎方面发展迅速,不同粒级的土壤具有相同的密度,成功地将土壤三维空间的粒径分布分维模型发展到重量分布分维模型,其表达式为

$$P = \left(\frac{d}{d_{max}} \right)^{3-D} \tag{3-9}$$

其中:P 为质量百分含量;d 为粒径;d_{max} 为最大粒径;D 为分形维数。

以 D_r = 0.65 的试样为例,利用式(3-9)对制样级配及试验后级配进行拟合,如图 3-21 所示。其中,式(3-9)拟合的复相关系数 R^2 都大于 0.99,说明式(3-9)能够较好地描述该砂砾石料在试验前后的级配分布规律。制样级配对应的分形维数 D = 2.331,300 kPa、600 kPa、900 kPa 和 1 200 kPa 围压下的试样对应的分形维数分别为 2.336、2.368、2.393 和 2.421。

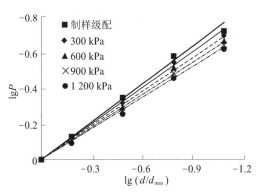

图 3-21　各试样级配分形拟合

采用图 3-21 中同样的方法,得到表 3-17 中所有试样级配的分形维数,并绘制在图 3-22 中。图 3-22 描述了相同围压条件下分形维数 D 与相对密度 D_r 的关系,相同围压、不同相对密度试样的分形维数所连成的线几乎水平,说明砂砾石颗粒破碎与相对密度的关系较小;随着围压升高,颗粒破碎程度逐渐升高。

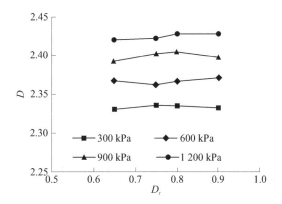

图 3-22　分形维数与相对密度的关系曲线

进一步地,绘制了分形维数 D 与围压的关系,如图 3-23 所示,随着相对密度 D_r 的提高,砂砾石料的分形维数发生微小波动,相同围压、不同 D_r 的点对应的 D 值基本重

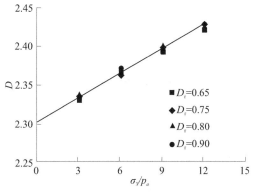

图 3-23　分形维数与围压的关系

合,进一步说明相对密度对砂砾石料三轴试验前后粒径分布变化的影响很小,可以忽略其对砂砾石颗粒破碎的影响。另外,随着围压的升高,分形维数显著提高,且为线性关系:

$$D = D_0 + k(\sigma_3/p_a) \tag{3-10}$$

式中:D 为任意围压下的级配分形维数;D_0 为制样级配分形维数,本书为 0.231;k 为材料参数,本书为0.10。

综上可得,砂砾石料的级配分形维数主要受围压影响,初始密度的影响可以忽略,且与围压成线性关系。进一步证明了 3.7.1 部分中的结论,不同相对密度的试样在相同围压下都会趋向于同一级配。

3.8　粗粒土湿化三轴试验研究

上游坝壳料在蓄水期间和蓄水后会经历"干"到"湿"的状态,在此过程中坝壳料会发生逐步风化、破碎和重排,即使应力保持不变,也会导致坝体产生额外变形,称为湿化变形。

对 $D_r = 0.80$ 的坝壳料开展了湿化三轴试验,采用单线法(见图 3-24):三轴湿化变形试验的试样直径 300 mm,高 700 mm。试样由风干土料制备,完成后将干样按应变控制剪切至一定应力状态,保持应力不变,待试样变形稳定,用常水头从试样底部加水湿化使试样饱和。湿化完成后,继续剪切至峰值。

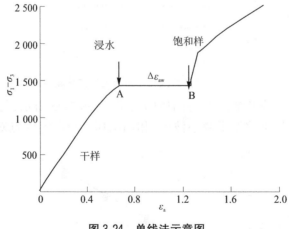

图 3-24　单线法示意图

三轴湿化变形试验所采用的围压为 300 kPa、600 kPa、900 kPa 和 1 200 kPa,湿化应力水平 S_l 为 0、0.2、0.4 和 0.8,湿化变形结果汇总如表 3-18 所示。其中,以 $S_l = 0.8$ 时的试验结果为例,湿化轴变和湿化体变的试验曲线如图 3-25 所示,在相同的湿化应力水平下,围压越大,湿化轴变和湿化体变越大。

表 3-18　坝壳料湿化三轴试验结果汇总

围压	应力水平	$\Delta\varepsilon_{aw}$	$\Delta\varepsilon_{vw}$	$\Delta\varepsilon_{sw}$
300 kPa	0	0.056	0.169	0
	0	0.074	0.223	0
	0	0.094	0.281	0
	0	0.1	0.3	0
600 kPa	0.224	0.177	0.217	0.104
	0.168	0.335	0.270	0.245
	0.194	0.385	0.345	0.271
	0.185	0.452	0.389	0.322
900 kPa	0.417	0.307	0.243	0.226
	0.41	0.478	0.352	0.361
	0.396	0.593	0.436	0.448
	0.399	0.651	0.473	0.493
1 200 kPa	0.788	1.058	0.269	0.969
	0.782	1.539	0.385	1.411
	0.766	1.677	0.495	1.512
	0.813	1.981	0.527	1.805

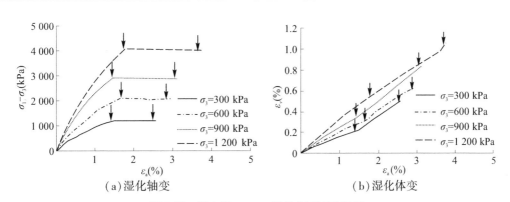

(a) 湿化轴变　　　　　　　　　　(b) 湿化体变

图 3-25　坝壳料 $S_1 = 0.8$ 湿化变形试验结果

对于湿化变形的描述,国内使用最广泛的是三参数湿化模型,如式(3-11)所示。

$$\left.\begin{aligned} \Delta\varepsilon_{vw} &= c_w\left(\frac{\sigma_3}{p_a}\right)^{n_w} \\ \Delta\varepsilon_{sw} &= b_w\frac{S_1}{1-S_1} \end{aligned}\right\} \tag{3-11}$$

式中:c_w,n_w 和 b_w 为材料参数;$\Delta\varepsilon_{vw}$ 和 $\Delta\varepsilon_{sw}$ 分别为湿化引起的体变和剪应变;σ_3 为围压;p_a 为标准大气压;S_1 为应力水平。

根据表 3-18 中的试验结果,代入三参数湿化模型式(3-11),得到 $D_r = 0.80$ 的坝壳料湿化参数为 $c_w = 0.133\%$,$n_w = 0.463$ 和 $b_w = 0.389\%$。

3.9 本章小结

以前坪水库大坝为例,对主要筑坝材料(如坝壳料、反滤料、心墙料和覆盖层料)开展了击实试验、界限含水率试验、颗粒分析试验等物理特性试验。对心墙料和反滤料 I 进行渗透特性试验和三轴固结剪切试验;在对坝壳料等粗粒土进行试验之前,先进行了缩尺制备,其后进行了渗透特性试验和大型三轴固结剪切试验和湿化三轴试验。特别地,针对前坪筑坝砂砾石料开展了一系列不同相对密度、不同围压下的三轴固结排水试验,总结了砂砾石料在临界状态时的颗粒破碎规律以及强度变形特性,重点分析了颗粒破碎对强度变形的影响。

第 4 章　坝体变形协调与渗流稳定准三维有限元研究

基于 ABAQUS 有限元软件二次开发工具 UMAT 数据接口编写邓肯-张本构模型和南水本构模型,选取前坪水库最大断面建立有限元模型,在考虑流固耦合情况下对土石坝填筑施工期、蓄水运营期的受力变形进行计算分析,研究了不同相对密度坝壳料对土石坝整体应力变形的影响,为坝体设计密度选取提供参考。

4.1　模型参数的确定

根据模型参数的整理方法,计算了各筑坝材料邓肯-张模型参数和南水模型参数,见表 4-1、表 4-2。其中,对于不同相对密度下的坝壳料、反滤料、覆盖层料以及心墙料,邓肯-张 $E-B$ 模型及南水模型利用得到的材料参数反演的三轴应力—应变曲线在 2.4 部分中已进行了展示,此处不再赘述。

坝壳料南水模型参数与相对密度 D_r 之间存在显著的线性关系,如图 4-1 所示,其中参数 φ_0、$\Delta\varphi$、K 和 n_d 与 D_r 呈正相关,参数 n 和 C_d 与 D_r 呈负相关。此外,参数 R_f 和 R_d 基本不变。根据图 4-1 中的曲线关系,可以估算坝壳料相对密度为 D_r 为 0.6~1.0 任意值时的材料参数。

表 4-1　前坪水库邓肯-张 $E-B$ 模型参数汇总

坝体分区	材料号	相对密度	干密度 (g/cm^3)	弹性模量 $E(kPa)$	泊松比 μ	渗透系数 (cm/s)	孔隙比 e
基岩下风化	1	—	1.80	6×10^6	0.3	1.16×10^{-6}	—
基岩上风化	2	—	1.80	3×10^6	0.3	1×10^{-5}	—
覆盖层	3	—	2.11		0.3	0.042 7	0.256
围堰、坝壳料	4、5	0.65	2.06		0.3	0.062 7	0.286
	4、5	0.75	2.11		0.3	0.055 4	0.256
	4、5	0.80	2.14		0.3	0.042 2	0.238
	4、5	0.90	2.19		0.3	0.031 7	0.210
反滤Ⅱ	6	—	1.95		0.3	0.458	0.359
反滤Ⅰ	7	—	1.84		0.3	3.14×10^{-3}	0.440
心墙	8	—	1.72		0.3	2.06×10^{-7}	0.540
防渗墙	9	—	2.40	2.8×10^7	0.167	1.16×10^{-8}	—
防渗帷幕	10	—	1.72	6×10^6	0.3	5.79×10^{-8}	—
薄层单元	11	—	2.14		0.3	2.06×10^{-7}	0.54

续表 4-1

坝体分区	$\varphi_0(°)$	$\Delta\varphi(°)$	K	n	R_f	K_b	m
基岩下风化	—	—	—	—	—	—	—
基岩上风化	—	—	—	—	—	—	—
覆盖层	52.4	8.8	680.1	0.42	0.61	609.7	0.12
围堰、坝壳料	50.6	7.7	534.0	0.49	0.62	410.5	0.17
	52.4	8.8	680.1	0.42	0.61	609.7	0.12
	53.1	9.0	885.9	0.39	0.6	931.7	0.01
	54.2	9.3	1 264.9	0.34	0.63	1 374.0	−0.02
反滤Ⅱ	46.5	6.5	583.0	0.45	0.67	490.3	0.14
反滤Ⅰ	42.0	2.0	371.5	0.51	0.80	216.7	0.38
心墙	32.9	6.4	146.5	0.43	0.78	86.1	0.24
防渗墙	—	—	—	—	—	—	—
防渗帷幕	—	—	—	—	—	—	—
薄层单元	18	0	50	0.4	0.8	30	0.4

表 4-2　前坪水库南水模型参数汇总表

坝体分区	材料号	相对密度	干密度 (g/cm^3)	弹性模量 $E(kPa)$	泊松比 μ	渗透系数 （cm/s）	孔隙比 e
基岩下风化	1	—	1.80	$6×10^6$	0.3	$1.16×10^{-6}$	—
基岩上风化	2	—	1.80	$3×10^6$	0.3	$1×10^{-5}$	—
覆盖层	3	—	2.11	—	0.3	0.042 7	0.256
围堰、坝壳料	4、5	0.65	2.06	—	0.3	0.042 7	0.286
	4、5	0.75	2.11	—	0.3	0.042 7	0.256
	4、5	0.80	2.14	—	0.3	0.042 7	0.238
	4、5	0.90	2.19	—	0.3	0.042 7	0.210
反滤Ⅱ	6	—	1.95	—	0.3	0.458	0.359
反滤Ⅰ	7	—	1.84	—	0.3	$3.14×10^{-3}$	0.440
心墙	8	—	1.72	—	0.3	$2.06×10^{-7}$	0.540
防渗墙	9	—	2.40	$2.8×10^7$	0.167	$1.16×10^{-8}$	—
防渗帷幕	10	—	1.72	$6×10^6$	0.3	$5.79×10^{-8}$	—
薄层单元	11	—	2.14	—	0.3	$2.06×10^{-7}$	0.54

续表 4-2

坝体分区	φ_0 (°)	$\Delta\varphi$ (°)	K	n	R_f	c_d (%)	n_d	R_d
基岩下风化	—	—	—	—	—	—	—	—
基岩上风化	—	—	—	—	—	—	—	—
覆盖层	52.4	8.8	680.1	0.42	0.61	0.26	0.75	0.52
围堰、坝壳料	50.6	7.7	534.0	0.49	0.62	0.45	0.70	0.56
	52.4	8.8	660.1	0.42	0.61	0.33	0.75	0.52
	53.1	9.0	885.9	0.39	0.60	0.27	0.88	0.50
	54.2	9.3	1 250.9	0.34	0.63	0.18	0.90	0.50
反滤Ⅱ	46.5	6.5	583.0	0.45	0.67	0.18	0.96	0.59
反滤Ⅰ	42.0	2.0	371.5	0.51	0.80	0.33	0.89	0.63
心墙	32.9	6.4	146.5	0.43	0.78	2.30	0.60	0.77
防渗墙	—	—	—	—	—	—	—	—
防渗帷幕	—	—	—	—	—	—	—	—
薄层单元	18	0	50	0.4	0.8	0.2	0.6	0.7

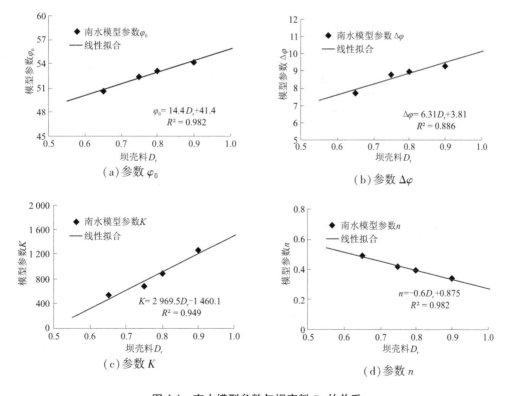

（a）参数 φ_0　　　　　　　　　（b）参数 $\Delta\varphi$

（c）参数 K　　　　　　　　　（d）参数 n

图 4-1　南水模型参数与坝壳料 D_r 的关系

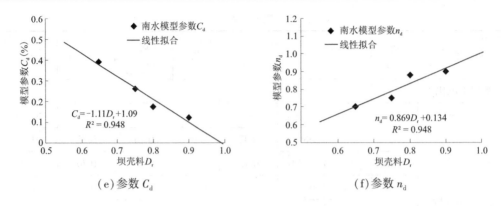

（e）参数 C_d 　　　　　　　　　　　（f）参数 n_d

续图 4-1

4.2　数值模型的建立

　　根据地质报告与设计图纸,选取大坝中部最大断面建立了特征断面准三维有限元模型,计算模型见图 4-2。

　　本次计算模型按照坝体材料分区进行有限元网格剖分,共划分 15 264 个单元,19 490 个节点,单元类型为 C3D8P,在反滤料—心墙、防渗墙—坝体间设立薄层单元替代接触面单元。为了消除边界效应影响,沿坝体上下游方向分别延伸 250 m,自坝基向下延伸 88 m,坝轴线方向厚度选取 40 m。

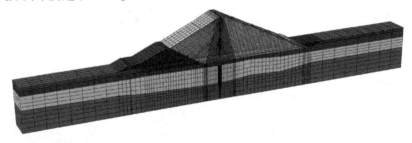

图 4-2　计算模型

　　模型共划分 58 个计算步。第 1 步为地应力平衡步,建立初始地应力场,消除覆盖层初始沉降位移影响,在此基础上开展计算工作;第 2~56 步为土石坝施工填筑过程,其中,第 2~21 步为围堰施工,第 22~56 步为主坝填筑过程;第 57~58 步为土石坝蓄水至正常蓄水高度的过程。本次采用瞬态流固耦合计算方法,共 16 种计算情况,具体计算方案见表 4-3。

表 4-3　数值计算方案汇总

组号	湿化变形	本构模型	备注
1	考虑	邓肯-张 E-B 模型	每个计算组分别计算坝壳料相对干密度 0.65、0.75、0.80、0.90 四种情况
2	不考虑		
3	考虑	南水模型	
4	不考虑		

4.3 坝体应力变形计算结果分析

本次共进行了四种相对干密度、两种计算模型的土石坝应力变形计算,选取坝壳料相对干密度 0.80 情况为例,对坝体各分区的应力、变形,包括防渗墙的受力等计算结果进行具体介绍。

4.3.1 竣工期坝体的应力变形分析

坝壳料相对干密度为 0.80 时,采用邓肯-张 $E\text{-}B$ 模型和南水模型坝体沉降位移和水平位移计算结果如图 4-3 和图 4-4 所示。

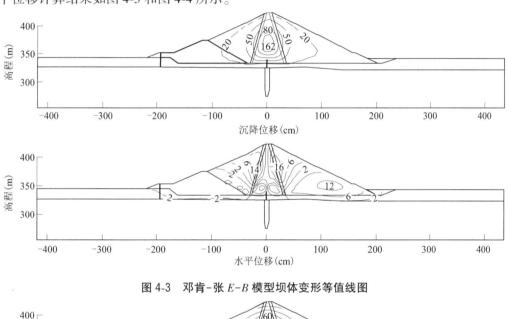

图 4-3 邓肯-张 $E\text{-}B$ 模型坝体变形等值线图

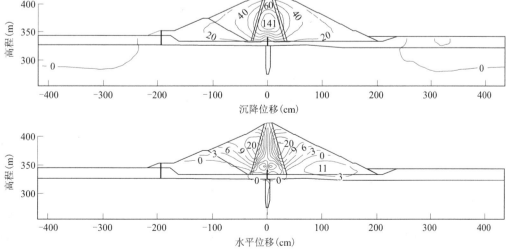

图 4-4 南水模型坝体变形等值线图

从图4-3和图4-4可以看出,竣工期坝体邓肯-张模型计算结果最大沉降发生在心墙约1/2坝高位置,为1.62 m,南水模型沉降分布规律和邓肯-张计算结果一致,最大沉降值为1.41 m,较邓肯模型小21 cm;邓肯计算结果,最大水平位移发生在下游心墙中部,为16 cm,坝体顺河向位移基本对称,下游侧位移稍大于上游,南水模型最大水平位移20 cm,上下游位移对称分布。坝基覆盖层和基岩的变形量很小。

图4-5和图4-6分别给出了采用邓肯-张 E-B 模型和南水模型计算得到的坝体竣工期的大主应力、小主应力等值线图。

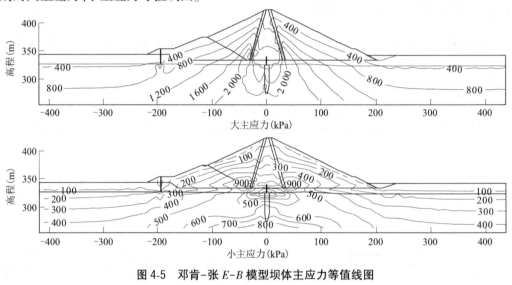

图4-5　邓肯-张 E-B 模型坝体主应力等值线图

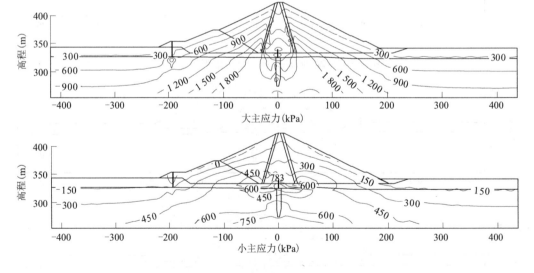

图4-6　南水模型坝体主应力等值线图

从图4-5和图4-6中可以看出,坝壳料在0.80相对密度情况下,邓肯-张模型计算得到坝体的最大主应力值为2.0 MPa,发生在心墙下游与覆盖层、反滤层交界处,最小主应力为0.9 MPa,与最大主应力值发生位置一致;南水模型最大主应力和最小主应力值分别为 1.8 MPa 和 0.78 MPa。均发生于心墙和防渗墙连接处,由于防渗墙打到基岩面,其沉降量非常小,而防渗墙两侧心墙和覆盖层在坝体自重作用下沉降显得更为明显,从而造成心墙与防渗墙连接位置出现较大的压应力。

图 4-7 和图 4-8 给出了采用邓肯-张 E-B 模型和南水模型计算得到的坝体竣工期的孔压和应力水平等值线图。

从图 4-7 和图 4-8 可看出,竣工期坝体整体应力水平不高,从两种模型计算结果来看,坝体的应力水平绝大部分在 0.5 以下,表明在竣工期,坝体材料应力状态较好,强度储备较高。

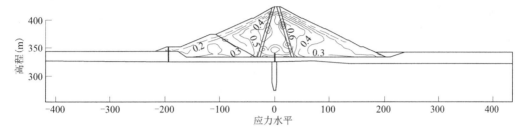

图 4-7 邓肯-张 E-B 模型坝体应力水平等值线图

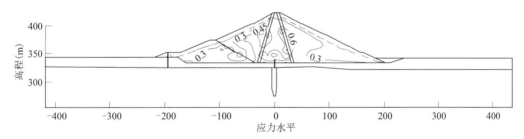

图 4-8 南水模型坝体应力水平等值线图

4.3.2 蓄水期湿化对坝体的应力变形影响

坝壳浸水后,土石坝会产生湿化变形。湿化变形指的是由于水的润滑作用,砂砾石料将重新调整自身的位置,坝壳结构发生改变,坝体向下沉降的现象。大量工程实际监测结果发现,由于湿化引起的沉降通常较坝体浸水上浮更大,蓄水后坝体沉降通常会比竣工期沉降增大一些。

在未考虑湿化和流变作用情况下,蓄水后坝体最大沉降变为 1.43 m,减小了 0.19 m,蓄水期坝体沉降小于竣工期沉降,与上述分析实际沉降量应增大的结果不符,不考虑湿化作用严重影响了计算的可靠性。因此,对于心墙土石坝必须考虑湿化因素的影响才能正确模拟坝体的受力变形,限于本次未进行坝壳料的湿化变形试验,本书参考前人所做工作,借鉴砂砾石料湿化参数,对比自身坝壳砂砾石料之间的性质差异进行调整,并编写了两种模型的湿化计算子程序,加入了湿化变形的影响再次进行计算,计算结果见图 4-9 和图 4-10。

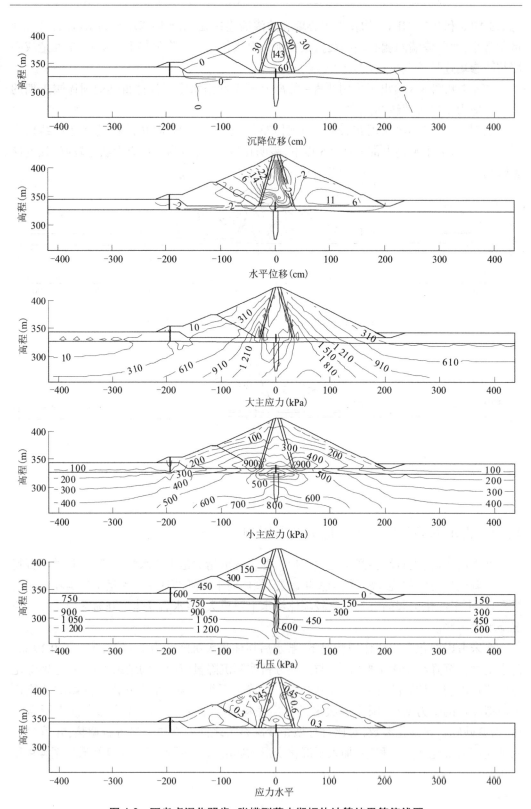

图 4-9　不考虑湿化邓肯-张模型蓄水期坝体计算结果等值线图

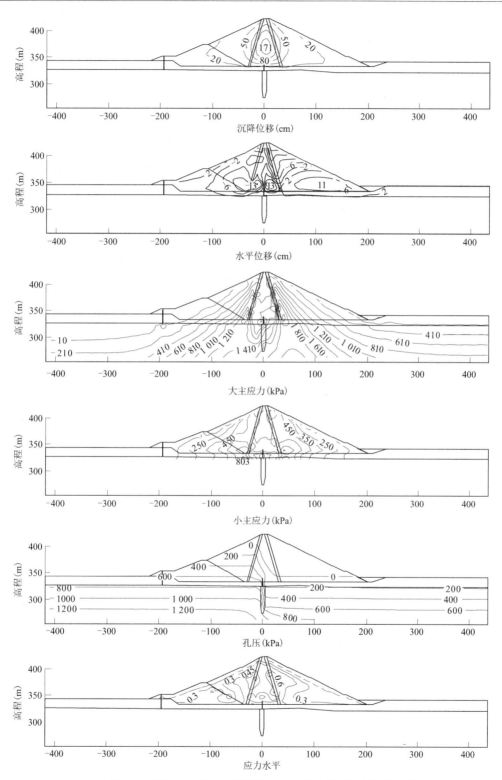

图 4-10　考虑湿化因素邓肯-张模型蓄水期坝体计算结果等值线图

图 4-10 中蓄水期坝体的竖向沉降变形等值线图可以看出,考虑湿化变形以后,邓肯模型计算出的竣工期沉降量为 1.71 m,与不考虑湿化情况相差 30 cm,水平位移与不考虑湿化情况差别相对较小,变化在 10 cm 左右,湿化对水平位移的影响比沉降要小。和竣工期相比,蓄水导致坝体指向上游侧水平位移减小,指向下游侧变形增大。湿化计算对坝体的应力影响较小,坝体大主应力与小主应力分布规律与不考虑湿化情况基本相同,其中最大主应力发生在心墙防渗墙连接处。坝体内部绝大部分位置应力水平在 0.6 以下,坝体强度储备较高。

蓄水后,坝体内部渗流场发生明显变化,由蓄水期孔压分布曲线可知,坝体上游坝壳料中孔压分布与蓄水水位水头保持一致,孔压等值线在黏土心墙内部发生明显变化,由于黏土心墙渗透系数很小,是坝体的主要防渗体系,孔压在心墙内部迅速折减,渗透水通过心墙后从排水棱体排出墙外。从大坝上游至下游渗出面,水头下降 62 m,渗透坡降 7.25,远小于反滤料联合抗渗下,被保护料心墙破坏坡降 98.1,在相对密度为 0.80 条件下,心墙是不会发生渗透破坏的。

4.3.3　心墙应力变形特性

本节单独提取心墙进行重点研究,取南水模型计算结果对心墙竣工期和蓄水期的沉降、水平位移及应力水平进行分析,评价心墙在竣工期和蓄水期的工作性态,见图 4-11 ~ 图 4-13。

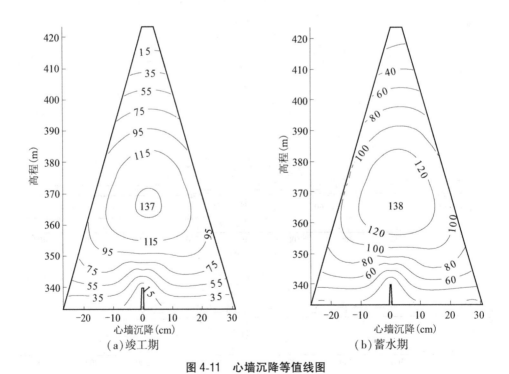

(a)竣工期　　　　　　　　　(b)蓄水期

图 4-11　心墙沉降等值线图

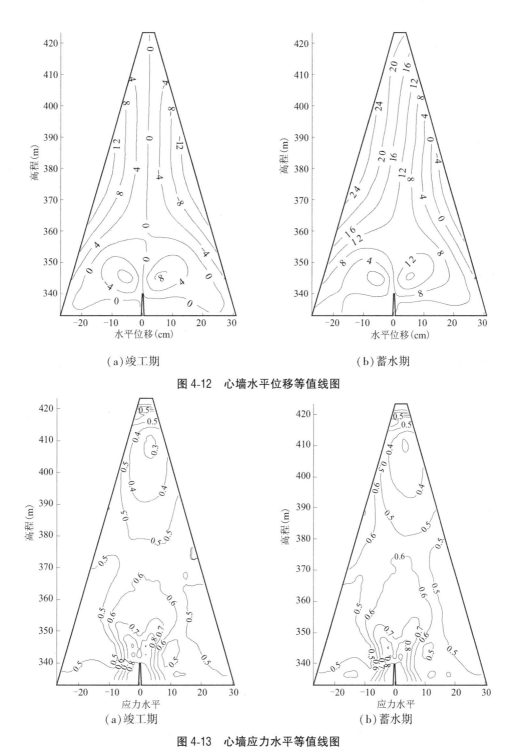

（a）竣工期　　　　　　　　　　　（b）蓄水期

图 4-12　心墙水平位移等值线图

（a）竣工期　　　　　　　　　　　（b）蓄水期

图 4-13　心墙应力水平等值线图

　　在坝壳料相对密度 0.80 条件下,竣工期心墙最大沉降 1.37 m,蓄水期增至 1.38 m,最大沉降发生在心墙中部 1/2 坝高偏下处;竣工期水平位移左右对称,向上游侧和下游侧的位移值比较接近,蓄水期,心墙上游侧最大水平位移平均增加 12 cm,下游侧最大水平位移较竣工期增加了 8 cm;由竣工期至蓄水期,心墙的应力水平有所提高,但应力水平最大值不大,在高塑性黏土与防渗墙连接部位应力水平较高,这是由两种材料刚度差异过大导致的。

4.3.4　不同计算工况坝体应力变形汇总

对不同计算工况下,坝体的应力极值和变形极值汇总如表 4-4 和表 4-5 所示。图 4-14 和图 4-15 分别给出了坝体和心墙在竣工期、蓄水期时的最大变形值及应力值、应力水平情况,可见坝体和心墙的应力值、变形值与坝壳料相对密度 D_r 并非简单地呈单调递增或递减的关系。以水平位移为例,坝体和心墙上游水平位移和下游水平位移随着坝壳料相对密度 D_r 的增加先增加后降低,最大值出现的拐点约在 $D_r=0.80$,如图 4-14(a)、(b)所示;以最大沉降为例,坝体和心墙最大沉降随着坝壳料相对密度 D_r 的增加而降低,说明随着坝壳料密度的增加,坝体整体刚度增大,能够有效控制坝体最大沉降。

表 4-4　竣工期各种工况计算结果最大值

统计项目		邓肯-张 E-B 模型计算结果			
坝壳料相对干密度		0.65	0.75	0.80	0.90
坝体	上游水平位移(cm)	15.3	14.8	15.7	16.7
	下游水平位移(cm)	16.2	13.4	13.8	14.8
	沉降(cm)	176.4	168.2	162.1	156.9
	大主应力(MPa)	13.4	13.1	12.9	12.6
	小主应力(MPa)	0.9	0.9	0.9	0.9
	应力水平	1.0	1.0	0.71	1.0
心墙	上游水平位移(cm)	15.3	14.8	15.6	16.5
	下游水平位移(cm)	10.2	11.2	13.5	14.3
	沉降(cm)	176.4	168.2	162.1	156.9
	大主应力(MPa)	5.2	4.8	4.4	3.8
	小主应力(MPa)	0.65	0.63	0.62	0.59
	应力水平	1.0	1.0	0.71	1.0
防渗墙	上游水平位移(cm)	1.43	1.39	1.94	1.88
	下游水平位移(cm)	0	0	0	0
	沉降(cm)	2	1.97	1.94	1.89
	大主应力(MPa)	13.4	13.1	12.9	12.6
	小主应力(MPa)	0.63	0.62	0.62	0.59

续表 4-4

统计项目		南水模型计算结果			
坝壳料相对干密度		0.65	0.75	0.80	0.90
坝体	上游水平位移（cm）	17.8	19.0	20.3	20.1
	下游水平位移（cm）	17.5	18.7	20.1	19.9
	沉降（cm）	143	140.7	137.4	133.2
	大主应力（MPa）	21.4	20.7	20.2	19.3
	小主应力（MPa）	2.4	2.5	2.8	2.2
	应力水平	1.0	0.95	0.76	1.0
心墙	上游水平位移（cm）	17.6	18.8	20.0	19.3
	下游水平位移（cm）	17.4	18.5	19.7	19.2
	沉降（cm）	147	144.6	141.0	136.6
	大主应力（MPa）	3.0	4.1	2.4	4.5
	小主应力（MPa）	2.4	2.5	2.2	2.8
	应力水平	1.0	0.95	0.76	1.0
防渗墙	上游水平位移（cm）	1.45	1.28	1.31	1.32
	下游水平位移（cm）	0.5	0.6	0.5	0.4
	沉降（cm）	2.62	2.57	2.48	2.39
	大主应力（MPa）	21.4	20.7	10.2	19.3
	小主应力（MPa）	1.49	1.44	1.38	1.31

表 4-5　蓄水期各种工况计算结果最大值表

统计项目		邓肯-张 E-B 模型计算结果							
坝壳料相对干密度		不考虑湿化				考虑湿化			
		0.65	0.75	0.80	0.90	0.65	0.75	0.80	0.90
坝体	上游水平位移（cm）	7.2	6.8	6.8	11.6	31.0	32.2	22.3	39.7
	下游水平位移（cm）	47.4	38.5	26.8	32.1	30.6	21.1	13.1	12.7
	沉降（cm）	158.1	149.8	143.1	136.7	188.0	175.9	171.0	160.3
	大主应力（MPa）	24.4	24.3	24.4	24.0	24.7	22.3	19.5	17.7
	小主应力（MPa）	0.9	0.8	0.8	0.9	1.0	1.0	0.8	0.9
	应力水平	1.0	1.0	1.0	1.0	1.0	1.0	0.85	1.0

续表 4-5

统计项目		邓肯-张 *E-B* 模型计算结果							
坝壳料相对干密度		不考虑湿化				考虑湿化			
		0.65	0.75	0.80	0.90	0.65	0.75	0.80	0.90
心墙	上游水平位移(cm)	3.7	6.5	6.0	14.3	22.4	27.2	16.4	32.3
	下游水平位移(cm)	46.2	36.8	30.5	26.0	26.3	16.9	13.1	12.7
	沉降(cm)	158.1	149.8	143.1	136.7	188.0	175.9	171.0	160.3
	大主应力(MPa)	1.25	1.31	1.37	1.41	1.61	1.55	1.31	1.43
	小主应力(MPa)	0.7	0.6	0.8	0.6	0.4	0.5	0.6	0.6
	应力水平	1.0	1.0	1.0	1.0	1.0	1.0	0.85	1.0
防渗墙	下游水平位移(cm)	8.0	7.9	7.9	7.7	4.0	3.1	2.3	1.6
	沉降(cm)	1.61	1.59	1.57	1.52	1.77	1.69	1.61	1.51
	大主应力(MPa)	24.4	24.3	24.4	24.0	24.7	22.3	19.5	17.7
	小主应力(MPa)	0.5	0.5	0.5	0.5	0.5	0.5	0.4	0.4
统计项目		南水模型计算结果							
坝壳料相对干密度		不考虑湿化				考虑湿化			
		0.65	0.75	0.80	0.90	0.65	0.75	0.80	0.90
坝体	上游水平位移(cm)	8.6	11.2	14.9	10.8	24.8	20.9	23.5	24.6
	下游水平位移(cm)	37.8	32.6	26.4	34.5	16.8	20.7	19.3	16.8
	沉降(cm)	141.2	138.7	132.9	126.6	144.1	141.6	138.4	134.1
	大主应力(MPa)	27.8	27.0	26.2	25.8	30.2	29.7	28.1	26.4
	小主应力(MPa)	2.4	3.5	2.1	1.7	1.2	1.3	1.6	0.9
	应力水平	1.0	1.0	0.9	1.0	1.0	0.95	0.82	1.0
心墙	上游水平位移(cm)	6.6	9.4	14.1	13.5	18.6	20.5	22.9	23.7
	下游水平位移(cm)	36.2	34.8	26.2	33.6	20.6	20.1	19.0	16.6
	沉降(cm)	144.2	138.7	132.9	126.6	151.4	148.7	145.5	140.7
	大主应力(MPa)	2.54	3.30	2.97	3.32	3.04	2.37	1.49	2.34
	小主应力(MPa)	2.4	1.6	2.1	1.9	0.7	1.3	1.6	0.9
	应力水平	1.0	1.0	0.9	1.0	1.0	0.95	0.82	1.0
防渗墙	下游水平位移(cm)	6.6	5.3	4.9	3.2	3.0	2.89	2.37	1.89
	沉降(cm)	2.6	2.5	2.0	2.2	3.02	2.97	2.4	2.64
	大主应力(MPa)	27.8	27.0	26.2	25.8	30.2	29.7	28.1	26.4
	小主应力(MPa)	0.8	0.8	0.7	0.8	1.22	1.14	1.0	0.86

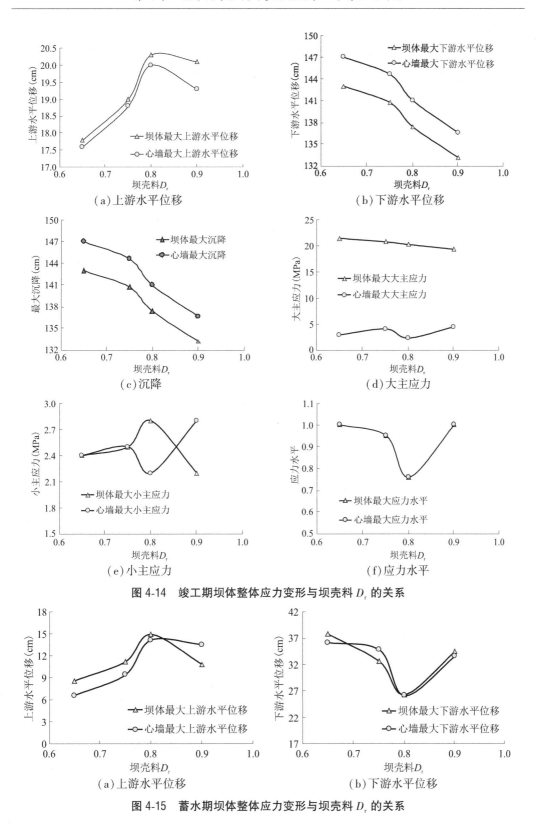

（a）上游水平位移　　　　　　　　　（b）下游水平位移

（c）沉降　　　　　　　　　　　　（d）大主应力

（e）小主应力　　　　　　　　　　（f）应力水平

图 4-14　竣工期坝体整体应力变形与坝壳料 D_r 的关系

（a）上游水平位移　　　　　　　　　（b）下游水平位移

图 4-15　蓄水期坝体整体应力变形与坝壳料 D_r 的关系

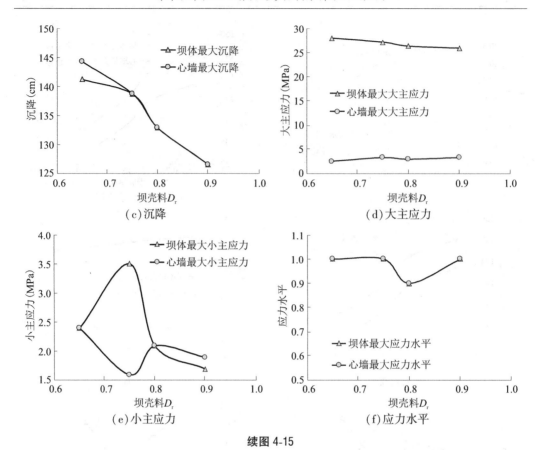

（c）沉降　　　　　　　　（d）大主应力

（e）小主应力　　　　　　　（f）应力水平

续图 4-15

图 4-16 给出了坝体和心墙蓄水期考虑湿化时的最大变形值及应力值、应力水平情况，与竣工期和蓄水期规律类似，坝体和心墙的应力值、变形值与坝壳料相对密度 D_r 并非简单地呈单调递增或递减的关系。可见，在大坝建设的各个阶段，应力、变形和应力水平等主要指标与坝壳料相对密度 D_r 的关系并不相同，例如改变坝壳料密度，在能控制坝体最大沉降的同时却可能导致坝体应力水平的增加，因此对于坝体应力和变形的控制不能简单地通过改变坝壳料密度来实现。

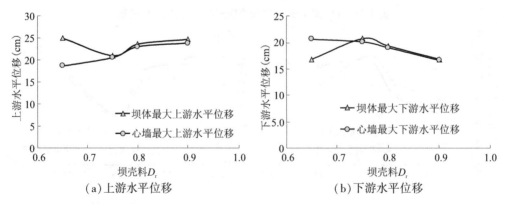

（a）上游水平位移　　　　　　　（b）下游水平位移

图 4-16　考虑湿化时坝体整体应力变形与坝壳料 D_r 的关系

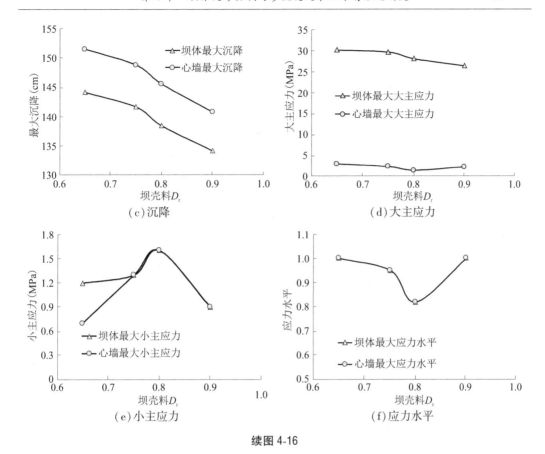

续图 4-16

图 4-17 给出了坝体在竣工期、蓄水期和考虑湿化时的最大变形值及应力值、应力水平情况,考虑湿化时,坝体最大上游水平位移、沉降值和大主应力相比竣工期和蓄水期都有明显增长,分别如图 4-17(a)、(c)和(d)所示。类似地,图 4-18 给出了心墙在竣工期、蓄水期和考虑湿化时的最大变形值及应力值、应力水平情况。总体而言,考虑湿化时,上游水平位移和下游水平位移及沉降的规律较为显著,即湿化增大了上游水平位移和沉降值,降低了下游水平位移;至于大主应力、小主应力和应力水平,湿化的影响规律则较为复杂。

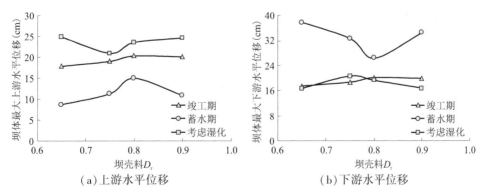

图 4-17　坝体竣工、蓄水期和考虑湿化时整体应力变形与坝壳料 D_r 的关系

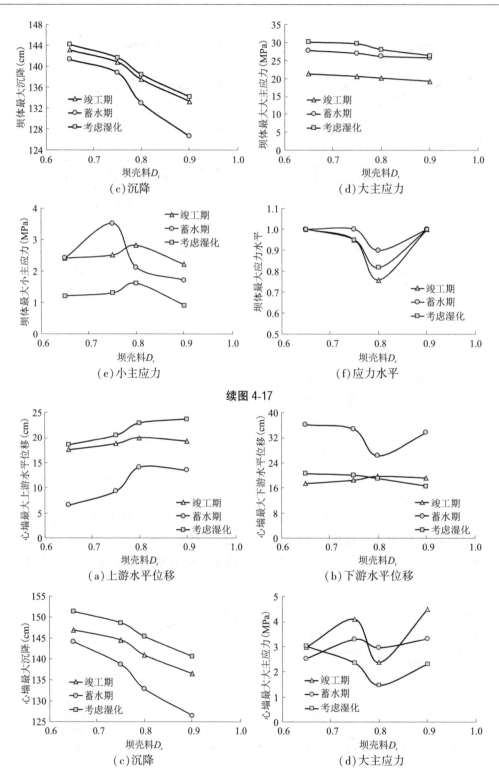

(c)沉降

(d)大主应力

(e)小主应力

(f)应力水平

续图 4-17

(a)上游水平位移

(b)下游水平位移

(c)沉降

(d)大主应力

图 4-18　心墙竣工期、蓄水期和考虑湿化时整体应力变形与坝壳料 D_r 的关系

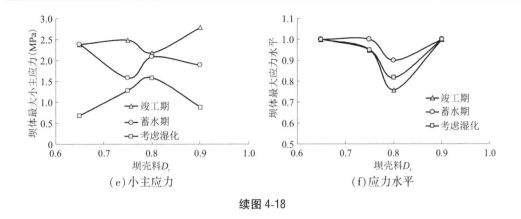

（e）小主应力　　　　　　　　　　（f）应力水平

续图 4-18

4.4　混凝土防渗墙与黏土心墙变形协调特性分析

混凝土防渗墙与黏土心墙交接部位,材料性质的巨大差异,会导致出现明显的差异变形。心墙坝设计中,常采用特殊结构设计,尽量减小差异沉降对结构应力劣化的影响,其中比较常用的方法就是采用高塑性黏土包裹,利用高塑性黏土对大的塑性应变适应性,起到良好的过渡,以保证黏土心墙的结构安全。

针对前坪水库黏土心墙坝的设计方案,通过对混凝土防渗墙与黏土心墙交接部位的应力分布特性、剪应变分布及变形分布规律进行综合分析,对该设计方案进行评价。

依据 4.3 部分的分析结果,坝体应力和变形与坝壳料相对密度的关系曲线若出现拐点,则拐点约在 $D_r = 0.80$,因此本节采用砂砾石坝壳料相对密度 0.80 的计算成果作为分析评价依据。

4.4.1　防渗墙安全评价

防渗墙的刚度及渗透系数与心墙、覆盖层差异很大,需要对其进行系统研究。为了防止防渗墙边界节点计算失真对计算结果的影响,本次提取防渗墙中心轴线节点的水平位移、沉降和大、小主应力计算结果,如图 4-19~图 4-21 所示。

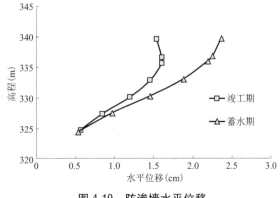

图 4-19　防渗墙水平位移

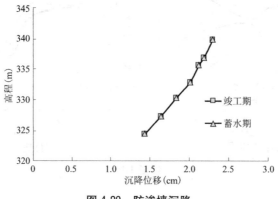

图 4-20　防渗墙沉降

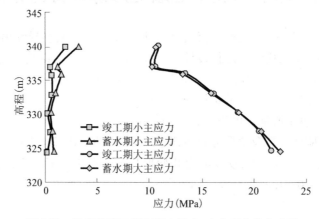

图 4-21　防渗墙竣工期和蓄水期大、小主应力分布曲线

由图 4-19 和图 4-20 得知,竣工后,防渗墙墙顶沉降量最大,为 2.27 cm,自墙顶到墙底,沉降逐渐减小,水平位移最大值发生在防渗墙中上部;蓄水之后,水平位移向下游侧继续增加,最大水平位移转移至墙顶,值为 2.36 cm,沉降保持不变。防渗墙的位移变化很小,达到设计要求,与心墙一起能够有效地保证坝体的渗透稳定。

图 4-21 为竣工期和蓄水期防渗墙大、小主应力分布曲线图。最小主应力始终为正值,防渗墙始终处于压应力状态,竣工期最大压应力为 21.7 MPa,发生在防渗墙底部位置;蓄水期最大压应力为 22.6 MPa,根据相关研究成果,混凝土在三向压应力作用下,抗压强度会提高 3~7 倍,故可判断防渗墙压应力不会导致混凝土破坏。

4.4.2　高塑性黏土区域应力分布特性

为了研究高塑性黏土区域的应力分布特点,针对该区域附近单元应力进行提取,整理其应力分布曲线。提取数据位置如图 4-22 所示。

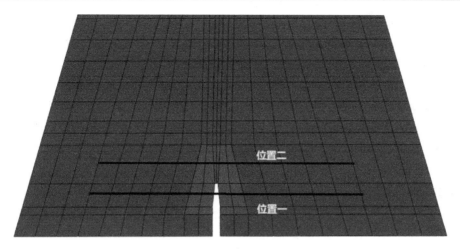

图 4-22　提取数据位置示意图

　　分别将位置一和位置二的大、小主应力计算结果作为纵坐标,将位置一和位置二的水平坐标作为横坐标,结果如图 4-23 和图 4-24 所示。

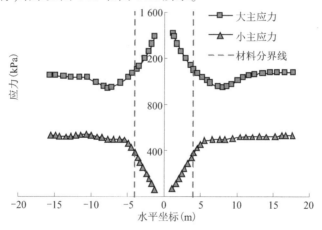

图 4-23　竣工期位置一大、小主应力分布曲线

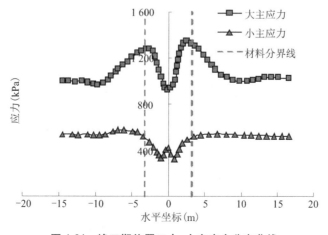

图 4-24　竣工期位置二大、小主应力分布曲线

由图 4-23 和图 4-24 可知,在位置一高塑性黏土区域,大主应力有明显增大,小主应力有明显减小,大、小主应力均为压应力,在高塑性黏土区域以外,心墙区域的大、小主应力变化不明显,表明在该位置,由混凝土防渗与高塑性黏土变形不协调所引起的应力调整,主要发生是高塑性黏土内部,对高塑性黏土区域以外的黏土心墙影响很小。在位置二高塑性黏土区域大主应力在防渗墙顶部位置有较明显的降低,大主应力最大值发生在高塑性黏土与黏土心墙交界位置,黏土心墙的大主应力分布在该位置受到了混凝土防渗与高塑性黏土变形不协调的影响。位置二高塑性黏土区域小主应力分布与大主应力分布规律相反,在防渗墙顶部区域小主应力有一定增大,在黏土心墙与高塑性黏土交界位置,黏土心墙的小主应力受混凝土防渗与高塑性黏土变形不协调的影响很小。

4.4.3　高塑性黏土区域应力水平分布特性

为了进一步认识混凝土防渗与高塑性黏土变形不协调性对周围的影响,从材料的强度特性进行分析,提取两个典型位置的应力水平分布规律,如图 4-25 和图 4-26 所示。

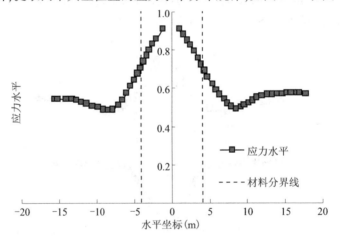

图 4-25　竣工期位置一应力水平分布曲线

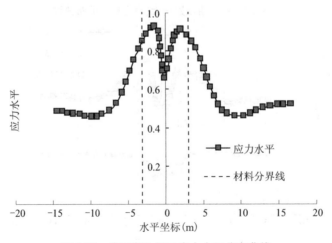

图 4-26　竣工期位置二应力水平分布曲线

由图 4-25 和图 4-26 可知,位置一高塑性黏土内部应力水平较高,最大应力水平出现在高塑性黏土与混凝土防渗墙交界位置,最大值 0.90,表明该位置材料的强度已经达到抗剪强度的 90%,该区域的高应力水平是混凝土防渗墙与高塑性黏土的变形不协调引起的应力分布劣化导致的。该位置黏土心墙与高塑性黏土交界位置应力水平最大值为 0.70,黏土心墙的应力水平自交界面位置向外快速回落,从分布规律上来看,混凝土防渗墙与高塑性黏土的变形不协调,会导致黏土心墙与高塑性黏土交接位置附近应力调整,但相对影响不大,变形不协调导致的应力调整主要发生在高塑性黏土区域。位置二高塑性黏土区域,最大应力水平为 0.91,在黏土心墙与高塑性黏土交接位置应力水平最大值为 0.82,该位置黏土心墙受到混凝土防渗墙与高塑性黏土的变形不协调影响较大,从黏土心墙与高塑性黏土交接位置向外应力水平迅速降低至 0.5 左右,表明黏土心墙虽受到了混凝土防渗墙与高塑性黏土变形不协调的影响,但区域非常小,仅发生在黏土心墙与高塑性黏土交接位置附近,未造成黏土心墙大范围的应力状态劣化。

4.5　坝体渗流稳定分析

针对坝体的渗流稳定特性,研究从心墙水力劈裂特性分析、水力梯度分布特性及水头折减特性进行综合考虑,评价坝体的渗流稳定特性。

4.5.1　心墙水力劈裂特性研究

采用总应力法对心墙是否发生水力劈裂破坏进行判定。图 4-27 是相对干密度为 0.8 时,两种模型心墙竖向应力和侧向水压力关系曲线,两种计算模型心墙的竖向应力值随高程的降低逐渐增加,两者差距不大,心墙的水压力始终小于竖向应力,心墙不会发生水力劈裂破坏。

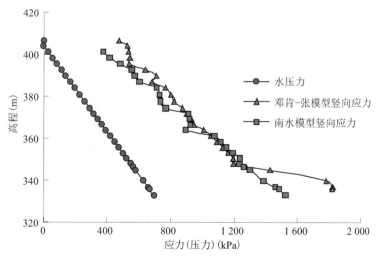

图 4-27　心墙竖向应力与侧向水压力关系曲线

4.5.2　黏土心墙蓄水期水力梯度分布规律

坝体蓄水期水力梯度分布特性,是反映坝体是否会发生管涌、冲蚀的重要指标,若蓄水期的水力梯度值大于材料的临界水力梯度,则表示筑坝材料中的细颗粒会被渗流水体带走,从而发生局部淘蚀,导致管涌的发生。针对黏土心墙典型位置在蓄水期的水力梯度分布规律进行研究,结合前文开展的联合抗渗反滤试验的相关结果,对坝体抗冲蚀特性进行评价。

对黏土心墙迎水面、坝轴线断面及心墙下游面在蓄水期的水力梯度结果进行整理,各个断面蓄水期水力梯度随高程变化曲线如图 4-28 所示。

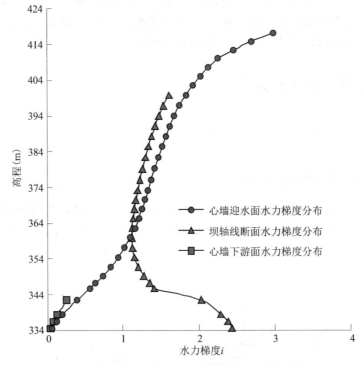

图 4-28　心墙典型断面水力梯度随高程变化曲线

由图 4-28 可知,心墙迎水面直接承受上游水压力,是渗流的主要入渗面,在迎水面上,自下而上水力梯度逐渐增大,最大值发生在上游水位附近。坝轴线位置自上而下呈现先减小后增大,在高塑性黏土与防渗墙交界位置附近出现最大值,这是由于混凝土防渗墙的渗透系数远小于黏土心墙,渗透水在该位置有明显的绕渗现象。在心墙下游面,水力梯度值很小。黏土心墙在设计水位工况下最大水力梯度为 3.1。

结合渗透试验的试验数据,黏土心墙的临界水力梯度为 33.11,在有反滤保护的情况下,联合抗渗反滤试验数据显示,心墙的临界水力梯度可达到 95.2。

由此可见,坝体心墙在蓄水期的水力梯度远小于心墙料的临界水力梯度,不会发生管涌。

4.6　本章小结

(1)邓肯-张 *E-B* 模型和南水模型两种本构模型计算结果都表明,坝壳料相对密度对于坝体和心墙的应力变形特性有显著影响,大坝设计和施工过程中应充分考虑该因素,选择合适的坝壳料相对密度。

(2)针对坝壳料相对密度 0.80 的计算方案进行分析,竣工期和蓄水期黏土心墙的应力水平均不高,表明心墙料在施工期和运行期应力状态良好,有较高的强度安全储备。

(3)针对设计方案,对高塑性黏土与混凝土防渗墙交接区域附近的应力和应力水平分布特性进行整理分析,高塑性黏土区域附近大、小主应力分布特点以及应力水平的分布规律显示,混凝土防渗墙与高塑性黏土的变形不协调,对心墙的应力分布和强度特性影响不大,高塑性黏土区域设置合理,可较好地适应由两者变形不协调导致的应力劣化。

(4)通过对黏土心墙的水力劈裂特性和水力梯度分布规律的研究,结合渗透试验和联合抗渗反滤试验数据,评价了黏土心墙的渗流稳定性,研究表明,坝体在设计水位工况下不会发生因渗流不稳定导致的渗流破坏。

(5)混凝土防渗墙在竣工期和蓄水期的大、小主应力分布表明,混凝土防渗墙的大、小主应力分布合理,不会导致防渗墙的破坏。

第 5 章　坝体变形协调特性多目标优化分析

我国已拥有水库大坝 9.8 万余座,是世界上拥有水库大坝最多的国家,其中 95% 以上为土石坝;此外,我国正在兴建或设计的还有一大批高土石坝。黏土心墙坝是土石坝的主要坝型之一,其原理是将高塑性黏土作为防渗体,防渗体由土石料支撑,使得坝体同时满足防渗和稳定的要求。殷宗泽指出,土石坝如果是均质的,只要回答坝坡是否稳定,可不必分析其应力变形。但是,实际土石坝往往不是均质的,对于黏土心墙坝而言,土石料支撑体的变形大,黏土防渗体也就跟着产生大的变形,导致破坏。因此,在黏土心墙坝的设计当中,必须考虑坝体各土石材料之间的变形协调问题,特别是黏土心墙与土石料支撑体之间的变形协调。

对于土石坝的理论研究,近年来主要集中于堆石料或砂砾料的颗粒破碎特性及本构模型研究。坝体变形协调是指不同筑坝材料在荷载作用下的变形协同性,人们虽然认识到变形协调的重要性,但目前对于坝体变形协调性并没有严格的定义和评价指标,更没有相关规范或标准可供参考。对于黏土心墙坝而言,由于黏土心墙的刚度相对于砂砾石、堆石料等坝壳料刚度明显偏低,存在较大的刚度差异,在施工期和蓄水期必然会发生两种材料区域的变形差异,如何评价这种变形差异对坝体安全性的影响,以及如何选择坝壳料、反滤材料和黏土心墙材料之间的最优刚度比,是亟须解决的问题。

本书以前坪水库大坝黏土心墙坝为例,开展了三维和准三维有限元计算。在黏土心墙和反滤材料与设计资料保持一致的前提下,改变砂砾石坝壳料的密度,计算得到了 4 种不同密度砂砾石坝壳料对坝体工作性态的影响。首先,通过裂缝控制、水力劈裂控制等,确定了保证坝体健康的坝壳料相对密度,然后从材料强度特性、坝体变形特性以及施工成本等方面提出了 5 个具体的评价指标,通过多目标优化的方法,提出并验证了黏土心墙坝变形协调分析方法,为设计提供科学依据。

5.1　黏土心墙坝安全控制标准

心墙渗透破坏和水力劈裂,以及坝体裂缝是心墙坝最主要的安全问题,主要受控于坝体变形。因此,工程中常用“变形协调”来描述坝体变形不会引起安全问题和事故的状态。

水力劈裂、坝顶裂缝等破坏多因素的心墙坝安全判别准则,如表 5-1 所示。

表 5-1　心墙坝安全判别准则

准则类型	准则数值
水力劈裂	$\sigma_t - p_w > 0$
表面裂缝	$\upsilon_x > 0, \upsilon_y > 0$(表面张拉裂缝); $\gamma_{xz} < 1\%, \gamma_{yz} < 1\%$(表面沉降裂缝)

对前坪水库大坝开展了三维有限元计算,计算采用南水模型,共 4 套方案,每套方案的唯一不同之处在于坝壳料参数不同,4 套方案对应的是坝壳料相对密度 D_r 分别为0.65、0.75、0.80 和0.90,参数列表见表 4-2。根据计算结果,参照表 5-1 中的判别准则,对坝体典型位置变形、应力进行判定,如图 5-1 所示,得到各指标对应的满足判定准则的坝壳料相对密度,如表 5-2 所示。

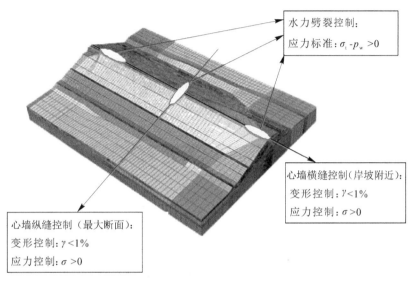

水力劈裂控制:
应力标准:$\sigma_t - p_w > 0$

心墙横缝控制(岸坡附近):
变形控制:$\gamma < 1\%$
应力控制:$\sigma > 0$

心墙纵缝控制(最大断面):
变形控制:$\gamma < 1\%$
应力控制:$\sigma > 0$

图 5-1　心墙砂砾石坝安全标准控制断面位置示意图

表 5-2　前坪水库大坝安全判别准则计算结果

控制指标	断面位置	控制选项	控制标准	安全系数变化规律	临界值
心墙横缝控制	河床断面心墙顶部	变形控制	$\gamma < \gamma_c$	D_r 增大,安全系数增大	$D_r > 0.694$
		应力控制	$\sigma_3 + \sigma_c > 0$	D_r 增大,安全系数增大	$D_r > 0.695$
心墙纵缝控制	岸坡附近心墙顶部	变形控制	$\gamma < \gamma_c$	D_r 增大,安全系数增大	$D_r > 0.721$
		应力控制	$\sigma_3 + \sigma_c > 0$	D_r 增大,安全系数增大	$D_r > 0.696$
水力劈裂控制	河床断面	中主应力控制	$\sigma_2 + \sigma_t > \gamma_h$	D_r 增大,安全系数降低	$D_r < 0.827$
	坝岸交界面	小主应力控制	$\sigma_3 + \sigma_t > 0$	D_r 增大,安全系数降低	$D_r < 0.853$

提取不同坝壳料密度计算结果中最不利工况下典型断面位置应力应变极值,将应力指标无量纲化,绘制控制断面坝体表面裂缝和水力劈裂控制指标随坝壳料相对密度变化

曲线,如图 5-2 所示。坝壳砂砾石料相对密度 D_r 值越低,坝体整体变形越大,对控制坝体表面裂缝不利;从坝体表面裂缝的应力控制指标来看,坝壳砂砾石料相对密度 D_r 值高,应力控制指标向良性发展。总体而言,对于表面裂缝控制,坝壳砂砾石料相对密度 D_r 值越高则越有利。从水力劈裂控制指标来看,随着坝壳砂砾石料相对密度 D_r 值提高,心墙和坝壳之间的差异变形更剧烈,导致应力劣化严重,对心墙抗水力劈裂性能不利,为了保证心墙不发生水力劈裂,要求坝壳砂砾石料相对密度 D_r 值越低越有利。

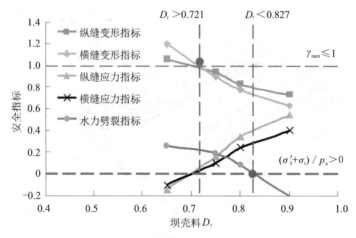

图 5-2　心墙砂砾石坝健康区间

由图 5-2 可见,心墙砂砾石坝表面裂缝控制和水力劈裂控制对坝壳砂砾石料相对密度 D_r 值的要求存在矛盾。为了确保坝体安全,坝壳砂砾石料相对密度 D_r 值需满足安全标准的上、下边界,即心墙砂砾石坝的健康区间,为 $0.721<D_r<0.827$,如图 5-2 所示。

5.2　应力变形评价指标

5.2.1　研究断面选择

变形协调应以大坝同一水平断面上的应力变形特性进行评价,对于本大坝,选取的水平断面为 384 m 高程和 404 m 高程,如图 5-3 所示。

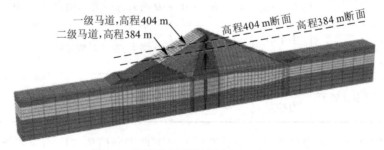

图 5-3　坝体特征断面准三维有限元网格

一方面,404 m 高程和 384 m 高程分别为一级马道和二级马道,是大坝的特征水平断面,方便对有限元计算结果进行后处理。另一方面,384 m 高程约在 1/2 坝高处,此处坝体应力和变形相对于坝体全断面而言处于中间水平,不至于过大或过小,是比较有代表性的水平断面。因此,在下文分析中,主要以 384 m 高程的计算结果进行分析,以 404 m 高程的计算结果进行复核验算。

大坝在建设周期内,主要有竣工期、蓄水期和长期运行期等时间节点,不同的时间节点对应着大坝不同的工作性态。由于蓄水期是大坝由建设转向运行的标志,其应力变形特性具有重要的指导作用,因此在本书研究中,都是以蓄水期的应力变形计算结果进行分析的。

5.2.2　大主应力

4 个计算方案在 384 m 高程处的大主应力值 σ_1 如图 5-4 所示,顺水流方向的水平坐标为 0 时对应的是混凝土防渗墙轴线,负值对应的是坝体上游,正值对应的是坝体下游。

不同砂砾石坝壳料密度情况下,大主应力 σ_1 都出现了"拱效应"。其中,σ_1 在坝壳料和反滤 II 两种材料中变化最为明显,随着砂砾石坝壳料相对密度 D_r 的增加,坝壳料和反滤 II 交界区域坝壳料大主应力增加明显;反滤 I 材料的大主应力随坝壳料 D_r 的增加而逐渐减小。坝壳料密度变化对心墙材料的大主应力影响最小,这是由于反滤 I 和反滤 II 区域的存在,逐渐削减了筑坝材料刚度差异的影响,对心墙材料起到保护作用,最大限度地避免了差异变形导致的应力不均衡。

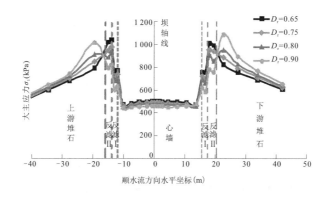

图 5-4　384 m 高程大主应力分布

为了表征断面上大主应力 σ_1 的不均匀性,将不同计算方案下坝壳料、反滤 II 和反滤 I 的大主应力的最大值都除以心墙料的大主应力最大值,即

$$\eta_i = \frac{\max(\sigma_1)_i}{\max(\sigma_1)_{\text{心墙}}} \tag{5-1}$$

式中:η_i 为筑坝材料大主应力的最大值与心墙大主应力最大值的比值;i 为坝壳料、反滤 II 和反滤 I。

分别将坝壳料、反滤 II 和反滤 I 对应的 η_i 绘制在 $\eta_i \sim D_r$ 坐标系中,如图 5-5 所示。随

着坝壳料 D_r 的增加,坝壳料的大主应力与心墙的大主应力比值逐渐增大,反滤Ⅱ和反滤Ⅰ的大主应力与心墙的大主应力比值逐渐减小,可以用二次函数进行拟合,即

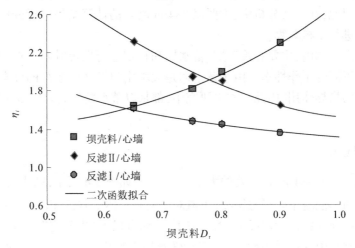

图 5-5　384 m 高程大主应力比 η_i 与坝壳料 D_r 的关系

$$\eta_i = a_i \cdot D_r^2 + b_i \cdot D_r + c_i \tag{5-2}$$

坝壳料、反滤Ⅱ和反滤Ⅰ对应的 η_i 与 D_r 之间的关系用分别用式(5-2)拟合,得到的参数 a、b 和 c 如表 5-3 所示,拟合相关系数 R^2 分别为 0.995、0.982 和 0.994。

表 5-3　坝壳料、反滤Ⅱ和反滤Ⅰ的拟合参数

区域	a	b	c	R^2
坝壳	3.99	−3.47	2.20	0.995
反滤Ⅱ	3.75	−8.42	6.20	0.982
反滤Ⅰ	1.54	−3.37	3.15	0.994

定义大主应力不均匀函数 $F(\sigma_1, D_r)$ 为坝壳料、反滤Ⅱ和反滤Ⅰ对应的 η_i 之和,即

$$F(\sigma_1, D_r) = \sum \eta_i = 9.28 D_r^2 - 15.3 D_r + 11.6 \tag{5-3}$$

由于坝壳料、反滤Ⅱ和反滤Ⅰ对应的 η_i 值都大于 1,说明坝壳料、反滤Ⅱ和反滤Ⅰ的大主应力都比心墙大, $F(\sigma_1, D_r)$ 值越小,表示断面上各材料的主应力分布越趋向于均匀; $F(\sigma_1, D_r)$ 值越大,表示断面上各材料的主应力分布越不均匀,心墙与支撑土石料的刚度差异越大。对式(5-3)在 $D_r = 0 \sim 1$ 的区间内求极小值,$D_r = 0.82$ 时,$F(\sigma_1, \eta)$ 值最小,如图 5-6 所示。

综上所述,从大主应力均匀性的角度分析,$D_r = 0.82$ 时,断面上各筑坝材料大主应力不均匀程度最低。

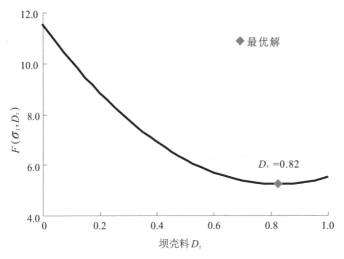

图 5-6　384 m 高程大主应力不均匀函数与坝壳料 D_r 的关系

5.2.3　心墙应力水平

材料的强度参数是材料的固有特性,岩土工程中,采用应力水平 S 来表述实际剪应力与材料极限抗剪强度的比值,反映材料强度的储备情况。应力水平表达式为

$$S = \frac{\sigma_1 - \sigma_3}{(\sigma_1 - \sigma_3)_f} \tag{5-4}$$

其中

$$(\sigma_1 - \sigma_3)_f = 2\frac{c\cos\varphi + \sigma_3\sin\varphi}{1 - \sin\varphi}$$

对 384 m 高程位置材料交界区域范围的应力水平特性进行整理,如图 5-7 所示。

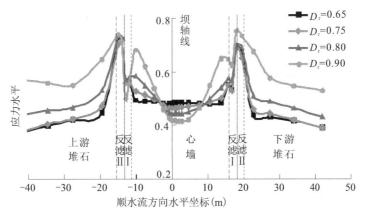

图 5-7　384 m 高程应力水平分布

由图 5-7 可知,不同材料的刚度差异,导致材料交界位置应力发生较为明显的调整,应力状态劣化,表现为材料交界位置应力水平突变。

心墙材料为黏土,其强度指标明显低于砂砾石坝壳料和反滤料,且心墙作为坝体防渗体系的主体结构,其安全性至关重要。因此,应力水平仅选择心墙的应力水平作为评价指标。心墙最大应力水平 S_{max} 与坝壳料相对密度 D_r 的关系如图 5-8 所示。

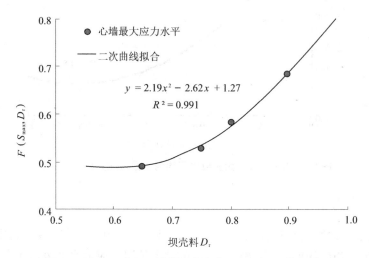

$$y = 2.19x^2 - 2.62x + 1.27$$
$$R^2 = 0.991$$

图 5-8　384 m 高程心墙最大应力水平 S_{max} 与 D_r 的关系

定义心墙应力水平不均匀函数 $F(S_{max}, D_r)$,由图 5-8 可得,心墙最大应力水平 S_{max} 与坝壳料相对密度 D_r 变化之间的函数关系 $F(S_{max}, D_r)$ 可用二次函数拟合为

$$F(S_{max}, D_r) = 2.19D_r^2 - 2.62D_r + 1.27 \tag{5-5}$$

对于心墙堆石坝而言,心墙应力水平越低,心墙越安全,对 $F(S_{max}, D_r)$ 值求极小值,$D_r = 0.60$ 时,$F(S_{max}, D_r)$ 值最小。仅从心墙应力水平越小心墙越安全的角度分析,坝壳料最优相对密度 $D_r = 0.60$。

5.2.4　坝体最大沉降

坝体最大沉降是土石坝的特征值,是土石坝分析中的主要参数之一。理论上讲,坝壳料密度的增加,会使得坝体整体等效刚度提高,对坝体的变形控制是有利的。对本大坝而言,随着坝壳料密度的增大,坝体的最大沉降逐渐减小,如图 5-9 所示。

定义坝体最大沉降函数 $F(w_{max}, D_r)$,如图 5-9 所示,坝体最大沉降 w_{max} 随坝壳料相对密度 D_r 变化的函数关系 $F(w_{max}, D_r)$ 可用线性函数描述:

$$F(w_{max}, D_r) = -40.9D_r + 171.3 \tag{5-6}$$

从式(5-6)可得,坝壳料相对密度 D_r 越大则坝体沉降越小,从控制坝体最大沉降的角度出发,当 $D_r = 1.0$ 时,坝体最大沉降最小。

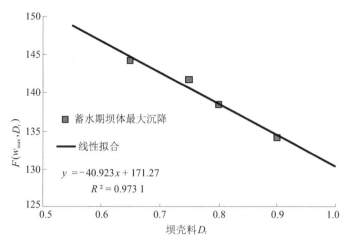

图 5-9　坝体最大沉降 w_{max} 与坝壳料 D_r 的关系

5.2.5　心墙沉降变化率

从变形协调的角度考虑,不同筑坝材料交界位置的相对位移,更易体现材料性质差异导致的变形差异性。定义沉降变化率 δ_w 来表征不同筑坝材料交界位置的相对位移,沉降变化率越大,表明该位置剪应变越大。

$$\delta_w = \frac{\Delta w}{\Delta x} \tag{5-7}$$

式中:δ_w 为沉降变化率;Δw 为相邻节点沉降差;Δx 为相邻节点的顺水流方向坐标差。

根据式(5-7),计算了坝体水平断面的沉降变化率 δ_w,并在图 5-10 绘出了 384 m 高程坝体沉降变化率 δ_w 的结果。

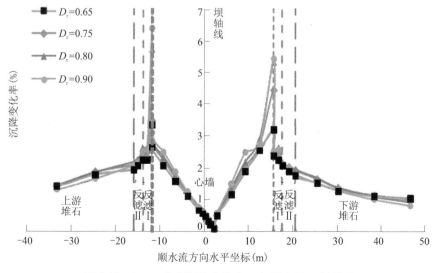

图 5-10　384 m 高程沉降变化率 δ_w 与坝壳料 D_r 的关系

由图 5-10 可见,坝体沉降变化率 δ_w 自坝体上下游侧向内部逐渐增大,在心墙位置自心墙上下游两侧向内部快速减小,最大值出现在心墙和反滤 I 交界处。因此,将心墙的最大沉降变化率 δ_{wmax} 选为评价指标,理由如下:①在整个断面里,各材料的沉降变化率最大值均出现在心墙与反滤 I 交界处的心墙上,心墙的最大沉降变化率即为坝体全断面上最大沉降变化率。②从变形控制角度来看,坝壳料密度越大,对整体变形控制越有利,而从心墙沉降变化率角度来看,坝壳料密度越大,心墙沉降变化率最大值越大,对心墙安全越不利,而心墙的安全是黏土心墙坝的核心问题。

将心墙最大沉降变化率 δ_{wmax} 与坝壳料相对密度 D_r 关系绘制在 $\delta_w \sim D_r$ 平面,如图 5-11 所示,随着坝壳料密度的增大,沉降变化率最大值 δ_{wmax} 逐渐增大,意味着剪应变逐渐增大。其原因在于随着坝壳料密度的增大,心墙与其他筑坝材料的刚度差异越来越大,因此剪应变增大。

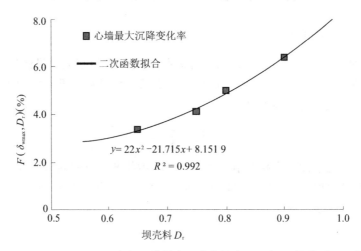

图 5-11 384 m 高程心墙最大沉降变化率 δ_{wmax} 与 D_r 的关系

定义心墙沉降变化率不均匀函数 $F(\delta_{wmax}, D_r)$,由图 5-11 可见,心墙最大沉降变化率 δ_{wmax} 与坝壳料相对密度 D_r 变化之间的函数关系 $F(\delta_{wmax}, D_r)$ 可用二次函数拟合为

$$F(\delta_{wmax}, D_r) = 22D_r^2 - 21.7D_r + 8.2 \tag{5-8}$$

由式(5-8)可得,心墙沉降变化率越小,意味着剪应变越均匀,对 $F(\delta_{wmax}, D_r)$ 值求极小值,$D_r = 0.49$ 时,$F(\delta_{wmax}, D_r)$ 值最小。仅从断面剪应变越均匀的角度分析,坝壳料最优相对密度 $D_r = 0.49$。

5.2.6 击实能

针对坝壳料开展密度试验,试验采用风干料,试样筒尺寸为 $\phi300 \times 360$ mm。最小干密度试验采用人工法,对于大颗粒用手轻轻放下,不引起对周围颗粒的挤压,细颗粒则用铲靠着试样慢慢地均匀撒开。最大干密度试验采用振动法。试样表面静载为 14 kPa,振动频率为 40 Hz。通过整埋不同振动力时所对应的试样密度,建立试样相对密度与振动历时的关系曲线,如图 5-12 所示。

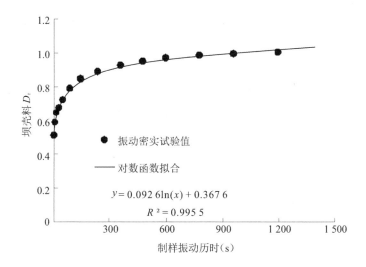

图 5-12　坝壳料相对密度与震动历时的关系

坝壳料相对密度 D_r 与振动密实时间 t 的关系可表示为

$$D_r = 0.092\,6\ln(t) + 0.367\,6 \tag{5-9}$$

定义振动密实时间函数 $F(t, D_r)$，将 $F(t, D_r)$ 表示为振动密实时间 t 对坝壳料相对密度 D_r 的函数关系，对式(5-9)进行数学变换，可得

$$F(t, D_r) = 0.018\,9 \cdot e^{10.8 D_r} \tag{5-10}$$

由式(5-10)可见，振动密实时间 t 与坝壳料相对密度 D_r 呈正相关，设计坝壳料相对密度 D_r 越大，则需振动密实时间 t 越长，耗费的击实能越大，施工成本越高。因此，$F(t, D_r)$ 实际上是表征施工成本的函数。

综上所述，只考虑单因素作用时，大主应力、应力水平、坝体最大沉降和心墙沉降变化率这 4 个指标所对应于的最优坝壳料 D_r 分别为 0.82、0.60、1.0 和 0.49，范围为 0.49~1.0，可见单指标对应的最优坝壳料 D_r 差异较大。因此，采用某个单因素确定的坝壳料 D_r 是片面且不合理的，应采用多目标优化的方法，将各个评价指标的作用进行综合考虑。

5.3　基于应力变形指标的多目标优化分析

5.3.1　基本原理

根据多目标优化的原理，本书对大坝变形协调优化分析的自变量为坝壳料 D_r，构造关于 D_r 的目标函数为

$$d(D_r) = \sum_{i=1}^{k} \lambda_i d[F(X_i, D_r)] \tag{5-11}$$

式中：$d(D_r)$ 为目标函数，对 $d(D_r)$ 进行优化分析的目的是求得 $d(D_r)$ 为极小值时对应的 D_r，即为坝体变形协调最优坝壳料 D_r；$d[F(X_i, D_r)]$ 为各个评价指标代表的功效函数，X_i

表示的是 5 个评价指标;λ_i 代表的是各功效函数的权重。

由于各功效函数是带量纲的函数,应先对各功效函数进行归一化,归一化的方法为

$$F(X_i,D_r) = \frac{F(X_i,D_r) - F(X_i,D_r)_{\min}}{F(X_i,D_r)_{\max} - F(X_i,D_r)_{\min}} \tag{5-12}$$

式中,根据《碾压式土石坝设计规范》(DL/T 5395—2007),砂砾石的填筑密度以相对密度 D_r 来控制,应大于 0.75;同时,综合 5.1 部分中根据坝体安全确定的坝壳料 D_r 取值范围 $0.721<D_r<0.827$,最终确定的功效函数归一化取值范围为 $0.75<D_r<0.827$,如图 5-13 所示。$F(X_i,D_r)_{\max}$ 和 $F(X_i,D_r)_{\min}$ 分别为各功效函数在 $D_r \in [0.75,\ 0.827]$ 区间内的最大值和最小值。

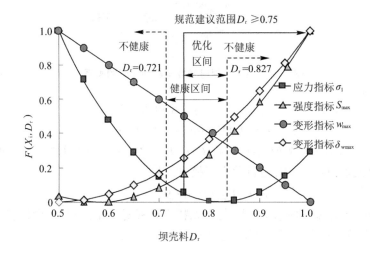

图 5-13　多目标优化分析优化区间示意图

以 $F(\sigma_1,D_r)$ 为例,在 $D_r \in [0.75,\ 0.827]$ 的区间内,最大值为 $5.35(D_r=0.75)$,最小值为 $5.29(D_r=0.827)$,根据式(5-12),对 $F(\sigma_1,D_r)$ 进行归一化确定的功效函数为

$$d[F(\sigma_1,D_r)] = \frac{F(\sigma_1,D_r) - 5.29}{5.35 - 5.29} = 181 D_r^2 - 298 D_r + 123 \tag{5-13}$$

同理可得,其他评价指标对应的功效函数为

$$d[F(S_{\max},D_r)] = 34.1 D_r^2 - 40.8 D_r + 11.4 \tag{5-14}$$

$$d[F(w_{\max},D_r)] = -13.0 D_r + 10.7 \tag{5-15}$$

$$d[F(\delta_{w\max},D_r)] = 22.0 D_r^2 - 21.7 D_r + 3.90 \tag{5-16}$$

$$d[F(t,D_r)] = 2.34 \times 10^{-4} e^{10.8 D_r} - 0.771 \tag{5-17}$$

其中,4 个应力或变形方面的指标在 $D_r \in [0.75,\ 0.827]$ 区间对应的功效函数如图 5-14 所示。

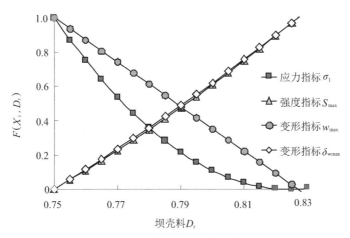

图 5-14　优化区间内的功效函数

式(5-13)~式(5-17)给出了各个指标进行归一化后的功效函数,由式(5-11)可知,要确定目标函数 $d(D_r)$,尚需确定各功效函数的权重 λ_i。若不考虑施工成本,则目标函数包括的功效函数为 4 个,分别为 $d[F(\sigma_1,D_r)]$、$d[F(S_{max},D_r)]$、$d[F(w_{max},D_r)]$ 和 $d[F(\delta_{wmax},D_r)]$。其中,$d[F(\sigma_1,D_r)]$ 描述的是大主应力,属于应力控制方面的指标;$d[F(S_{max},D_r)]$ 描述的是应力水平,属于强度性质方面的指标;$d[F(w_{max},D_r)]$ 和 $d[F(\delta_{wmax},D_r)]$ 分别描述的是最大沉降和沉降变化率,属于变形性质方面的指标。

5.3.2　不考虑施工成本

设计了 3 种权重分配方案,如表 5-4 所示。第 1 种方案为 3 类指标等权重,权重都为 1/3。第 2 种方案为偏强度储备,将强度指标的权重加大,设为 1/2;应力指标和变形指标则权重减小,都设为 1/4。第 3 种方案为偏变形控制,将变形性质方面的指标权重加大,设为 1/2;应力指标和强度指标权重减小,都设为 1/4。

表 5-4　不考虑施工成本时的权重分配方案

指标类型	功效函数	方案 1: 等权重	方案 2: 偏强度储备	方案 3: 偏变形控制
应力指标	$d[F(\sigma_1,D_r)]$	1/3	1/4	1/4
强度指标	$d[F(S_{max},D_r)]$	1/3	1/2	1/4
变形指标	$d[F(w_{max},D_r)]+d[F(\delta_{wmax},D_r)]$	1/3	1/4	1/2

将表 5-4 中的 3 种权重分配方案代入式(5-11),并绘制了目标函数 $d(D_r)$ 的曲线,如图 5-15 所示。其中,以"方案 1:等权重"为例,根据式(5-11)目标函数 $d(D_r)$ 的具体计算表达式为

$$d(D_r)=\frac{1}{3}d[F(\sigma_1,D_r)]+\frac{1}{3}d[F(S_{max},D_r)]+\frac{1}{3}\{d[F(w_{max},D_r)]+d[F(\delta_{wmax},D_r)]\}$$

$$(5\text{-}18)$$

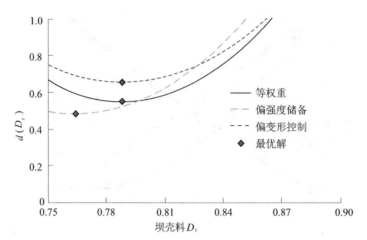

图 5-15　不同权重分配方案的目标函数曲线(384 m 高程)

图 5-15 中,目标函数 $d(D_r)$ 在优化区间 $D_r \in [0.75, 0.827]$ 范围内取极小值时,等权重、偏强度储备和偏变形控制这 3 种方案对应的坝壳料 D_r 分别为 0.788、0.765 和 0.788。

进一步地,根据 404 m 高程的计算结果,得到 404 m 高程功效函数 $d[F(\sigma_1, D_r)]$、$d[F(S_{max}, D_r)]$ 和 $d[F(\delta_{wmax}, D_r)]$ 分别为

$$d[F(\sigma_1, D_r)] = 210D_r^2 - 344D_r + 141 \tag{5-19}$$

$$d[F(S_{max}, D_r)] = 26.8D_r^2 - 29.3D_r + 6.90 \tag{5-20}$$

$$d[F(\delta_{wmax}, D_r)] = 26.0D_r^2 - 28.0D_r + 6.37 \tag{5-21}$$

注意:坝体最大沉降是指大坝全断面上的最大沉降,与所研究的高程无关,因此 404 m 高程的功效函数 $d[F(w_{max}, D_r)]$ 与 384 m 高程相同。

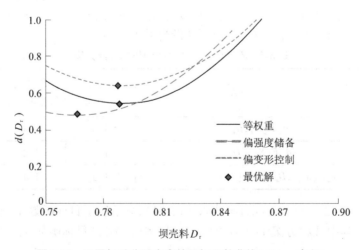

图 5-16　不同权重分配方案的目标函数曲线(404 m 高程)

图 5-16 中,404 m 高程目标函数 $d(D_r)$ 在优化区间 $D_r \in [0.75, 0.827]$ 范围内取极小值时,等权重、偏强度储备和偏变形控制这 3 种方案对应的坝壳料 D_r 约为 0.788、0.766 和

0.788,与 384 m 高程计算结果相近。

值得注意的是,本例中计算得到的 3 种权重分配方案,等权重和偏变形控制这两种方案对应的最优值都约为 0.788,属于特例,并不表明权重分配方案对于最优化计算结果影响不大。若改变优化区间,比如将优化区间设定为 $D_r \in [0.75, 1]$,以 404 m 高程为例,得到的结果如图 5-17 所示,3 种方案对应的结果为 $D_r = 0.788$、0.779 和 0.807。

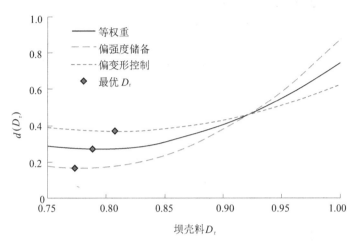

图 5-17 不同权重分配方案的目标函数曲线(404 m 高程,$D_r \in [0.75, 1]$)

5.3.3 考虑施工成本

考虑施工成本时,目标函数 $d(D_r)$ 中除了表 5-4 中的 4 个功效函数,还包括表征施工成本的功效函数 $d[F(t, D_r)]$,在 $D_r \in [0.75, 0.827]$ 范围功效函数 $d[F(t, D_r)]$ 如图 5-18 所示。

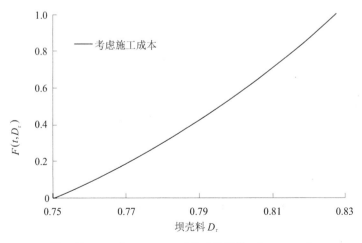

图 5-18 $D_r \in [0.75, 0.827]$ 的功效函数 $d[F(t, D_r)]$

以等权重方案为例,对 4 个应力和变形方面的功效函数进行加权平均得到加权功效函数,然后将该加权功效函数与施工成本的功效函数 $d[F(t,D_r)]$ 按照一定的权重进行加权计算,以施工成本权重占 0.1~0.5 为例,目标函数 $d(D_r)$ 曲线及对应的最优解如图 5-19 所示。

图 5-19 显示,施工成本权重占 0.1~0.5 时,目标函数 $d(D_r)$ 取极小值对应的坝壳料 D_r 分别为 0.780、0.772、0.763、0.752、0.750,可见,随着施工成本所占权重的增大,则最优值 D_r 越接近于 0.750;代入式(5-10)可得振动历时 t 分别为 86 s、79 s、72 s、64 s、62 s。

是否考虑施工成本,或者考虑施工成本时所占比重为多少,并非必要选项,因此对于施工成本这个指标所占权重本书不做建议。但是,关于强度特性和变形特性的 4 个指标,本书在表 5-4 中给出了 3 种建议权重分配方案,可供设计人员参考。

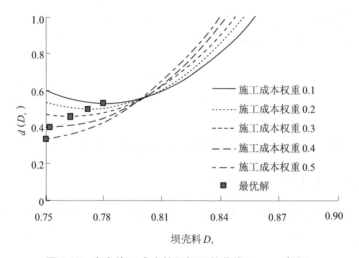

图 5-19　考虑施工成本的目标函数曲线(384 m 高程)

综上所述,采用本书提出的多目标最优化方法确定的最优坝壳料 D_r 在 0.788 左右,既满足《碾压土石坝设计规范》(DL/T 5395—2007),又满足坝体水力劈裂、裂缝控制等安全要求,是一种较为科学的方法,操作流程如图 5-20 所示,具体步骤为:

(1)根据水力劈裂、表面裂缝控制要求,确定坝体安全控制标准;结合相关规范建议的坝壳料相对密度范围,最终确定坝壳料相对密度取值区间作为边界条件。

(2)根据评价指标与坝壳料相对密度 D_r 的函数关系,在边界条件范围内进行归一化处理,确定各评价指标对应的各功效函数。

(3)根据各功效函数,确定多目标优化分析的目标函数,并确定各功效函数的权重,不同的权重对应不同的优化方案。

(4)根据大坝的实际情况,选择合适的优化方案,最终确定坝体健康指标最优时所对应的坝壳料 D_r 值。

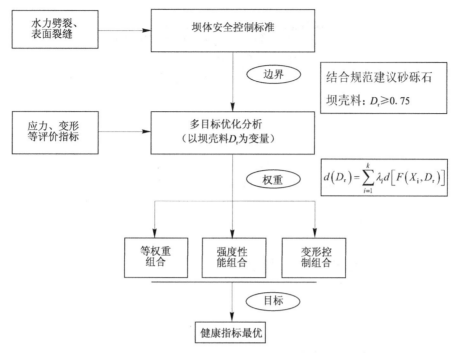

图 5-20　黏土心墙坝多目标优化示意图

5.4　本章小结

以前坪水库大坝为例,只考虑单因素作用时,大主应力、应力水平、坝体最大沉降和心墙沉降变化率这 4 个指标所对应的最优坝壳料相对密度 D_r 分别为 0.82、0.60、1.0 和 0.49,各指标对应的最优坝壳料 D_r 差异较大,因此采用某个单因素确定的坝壳料 D_r 是片面且不合理的。本章基于应力和变形等方面的多个指标,提出了坝体变形协调多目标优化方法,并建议了三类权重分配方案,得到了等权重、偏强度储备和偏变形控制这 3 种方案。特别地,多目标优化的边界条件是以水力劈裂和表面裂缝为控制标准得到的。前坪水库大坝的分析结果表明,基于本章提出的多目标优化分析方法得到的坝壳料相对密度,既能满足《碾压土石坝设计规范》(DL/T 5395—2007),又满足坝体水力劈裂、裂缝控制等安全要求,且能保证坝体变形协调控制在合理范围,是一种较为科学的方法。

第6章   坝体变形协调与渗流稳定
离心模型试验

　　土工离心模型试验技术是一项崭新的土工物理模型技术,通过施加在模型上的离心惯性力使模型的容重变大,从而使模型的应力与原型一致,这样就可以用模型反映、表示原型;同时,根据离心模型相似率,若模型缩尺比例为 N,则模型和原型的时间比例为 $1:N$,模型可以在短时间内模拟原型几年甚至几十年的运行状态。因此,结合设计方案,本章将开展前坪水库坝体变形协调与渗流稳定离心模型试验研究工作。

6.1　离心模型试验原理和设备

6.1.1　发展简史和作用

　　1869 年法国人 Philips 最早提出了离心模拟试验的准则与模型试验的方法。他认识到通过离心机施加的离心惯性力,就可以使模型的应力与原型相似。Philips 最初设想的研究目标是法国到英国横跨英吉利海峡的大铁桥,他想用离心模型试验方法来解决英吉利海峡大铁桥的复杂结构力学问题。他甚至还很具体、富有创造性地设计了模型试验的模型比尺为 $1:50$,在 $50g$ 离心加速度下进行试验。按他的设想这个模型大铁桥的长度将达到 8.6 m。Philips 还提出用离心模型试验研究在跨海大铁桥建设中可能遇到的地基基础问题。

　　首次离心模型试验由美国的 P.Bucky 于 1931 年完成,进行了矿山工程地下巷道顶板完整性分析。

　　离心模型试验技术的早期发展主要集中在苏联、美国、日本、英国等国,离心机等试验设备也比较简单,主要用于研究岩石锚固技术、固结理论、边坡稳定等问题。

　　1973 年第 8 次 ICSMFE 会议之后,离心模型试验技术进入了蓬勃发展和广泛应用时期。在离心机制模技术、离心机设备以及附属测试装置方面得到了迅猛发展,应用领域也越来越广泛。从 1985 年以后,离心模型试验技术的适用性在许多国家得到了认可,许多国家建造了离心机,并扩大了研究范围。国际土力学和基础工程协会成立了离心模型试验技术专业委员会,组织召开了一系列离心模型试验技术方面的国际会议,并出版了会议的论文集,这些论文中很多是关于试验技术和试验硬件的研究,并且揭示了离心模型试验的广泛适用性。总之,利用离心模型试验,人们已经在各个领域都取得了大量有益的成果。

　　我国从 20 世纪 80 年代初开始离心模型试验研究,南京水利科学研究院于 1983 年在国内首次采用离心模型试验研究深圳五湾码头坍塌,其结果与现场码头后倾坍塌状况完全一致,从而找出了码头坍塌的原因。目前已建和在建土工离心机近十台,在三峡、小浪底、瀑布沟等国家重点工程的建设规划设计中发挥了巨大的作用。已建成离心机振动台、模拟断层错动装置等离心机附属设备。离心模型试验技术几乎在岩土工程的各个领域都得到了应用,已成为岩土工程岩土力学领域中最主要的试验研究方法。离心模型试验技术已经被广泛应用于高土石坝、地下结构、挡土墙、路堤和边坡工程中,取得了大量有价值的科研成果,我国的离心设备与研究水平已跻身国际先进行列。

离心模型是各类物理模型中相似性最好的模型。我国岩土力学研究的开拓者、两院院士黄文熙先生称"离心模型是土工模型试验技术发展的里程碑"。离心模型方法在国内外受到广泛的重视,模型试验技术也有了飞速的发展与进步,试验的研究内容已涉及了几乎所有的岩土工程研究领域,已成为岩土工程技术研究中的最主要、最有效的研究手段。国内外几十年的经验表明,离心模型试验方法在岩土工程、岩土力学研究中的作用与意义主要表现为以下的几个方面:

(1)新现象研究,研究自然现象与复杂工程结构物的工作机制和破坏机制,为建立解释这些复杂现象的理论提供定性依据。

(2)模拟原型,研究实际工程问题,比选验证优化设计方案,了解工程运行状况,预测未来的运行安全性与可靠性。

(3)参数研究,针对某些理论和工程设计中的关键技术参数,用离心模型可以提供非常有用的数据资料,解决工程技术难题。

(4)验证新理论和新方法,用模型试验的结果验证理论与计算方法,检验数学模型。

(5)用于教学与工程师的培训。

到目前为止,许多复杂的岩土工程问题如非饱和土问题、污染介质的迁移问题、非线性破坏过程、地震反应问题等,运用计算机数值计算仍有不少困难,而模型试验却可以得到直观、清晰的结果。

6.1.2　试验原理

用模型来模拟原型,就是使模型与原型有相同的力学表现,如果有相同的力学表现,就应该有相同的力学控制方程,如用上标 p 表示原型,m 表示模型,可以把模型与原型的力学平衡方程写成:

原型
$$\sigma_{ij,j}^{p} + \rho^{p}(g_i^{p} - \ddot{\xi}_i^{p}) = 0 \tag{6-1}$$

模型
$$\sigma_{ij,j}^{m} + \rho^{m}(g_i^{m} - \ddot{\xi}_i^{m}) = 0 \tag{6-2}$$

式中:σ_{ij} 为应力;ρ 为单位质量;g_i 为场加速度(重力加速度);ξ 为位移。

对任一物理变量 x(x 可以是 σ、ρ、g、l 等),定义其模型值与原型值之比为
$$\bar{x} = x^{m}/x^{p} \tag{6-3}$$

将式(6-3)代入式(6-2),可得
$$\bar{\sigma} \cdot \sigma_{ij,j}^{p} + \bar{\rho} \cdot \rho_i(\bar{g} \cdot \bar{l} \cdot g_i^{p} - \bar{\xi} \cdot \bar{l} \cdot \bar{t}^{-2} \cdot \ddot{\xi}_i^{p}) = 0 \tag{6-4}$$

式(6-4)是通过模型方程得到的原型方程,如果模型与原型有相同的力学表现,或者说要用模型模拟原型的话,式(6-4)应与式(6-1)相同,事实上,式(6-4)与式(6-1)相同的条件就是模型相似的条件:
$$\bar{\sigma} = \bar{\rho} \cdot \bar{g} \cdot \bar{l} \tag{6-5}$$
$$\bar{\sigma} \cdot \bar{t}^2 = \bar{\rho} \cdot \bar{\xi} \cdot \bar{l} \tag{6-6}$$

对于线弹性问题来说,只要合理设计模型,使其满足式(6-5)和式(6-6)的条件,就可

以实现用模型模拟原型的目的,并无特别的限制条件。而在岩土工程中,土的力学特性呈弹塑性和非线性,且取决于应力水平,即不同的应力水平条件下土体的力学特性不同。因此,满足 $\bar{\sigma}=1$,即模型应力水平与原型应力水平相等,是岩土力学模型试验的基本要求,也是离心模型试验方法的特点。

式(6-5)中,如果选用原状土制模,即可实现 $\bar{\rho}=1$,再选取如下的条件:

$$\bar{g}\cdot\bar{l}=1 \tag{6-7}$$

即可实现 $\bar{\sigma}=1$ 的目标。在离心模型试验中我们可以这样选择试验条件: $\bar{g}=N$, $\bar{l}=1/N$, N 为模型比尺,即把模型的几何尺寸缩小到原型的 $1/N$,把模型的场加速度(离心加速度)增大到重力加速度($1g=9.81$ m/s²)的 N 倍,就得到 $\bar{\sigma}=1$,也就确保了模型的每一点应力与原型相同,从而实现用模型表现原型的目的。表 6-1 列出了主要物理量的离心模型相似率。

表 6-1　离心模型相似率

内容分类	物理量	量纲	模型与原型的比例	内容分类	物理量	量纲	模型与原型的比例
几何量	长度	L	$1:N$	外部条件	速度	LT^{-1}	$1:1$
	面积	L^2	$1:N^2$		加速度	LT^{-2}	$N:1$
	体积	L^3	$1:N^3$		集中力	MLT^{-2}	$1:N^2$
材料性质	含水量		$1:1$		均布荷载	$ML^{-1}T^{-2}$	$1:1$
	密度	ML^{-3}	$1:1$		能量、力矩	ML^2T^{-2}	$1:N^3$
	容重	$ML^{-2}T^{-2}$	$N:1$		频率	T^{-1}	$N:1$
	不排水强度、凝聚力	$ML^{-1}T^{-2}$	$1:1$	性状反应	应力	$ML^{-1}T^{-2}$	$1:1$
	内摩擦角		$1:1$		应变		$1:1$
	变形系数	$ML^{-1}T^{-2}$	$1:1$		位移	L	$1:N$
	抗弯刚度	ML^3T^{-2}	$1:N^4$		时间:惯性(动态过程)	T	$1:N$
	抗压刚度	MLT^{-2}	$1:N^2$		渗流、固结或扩散		$1:N^2$
	渗透系数	LT^{-1}	$N:1$		蠕变、黏滞流		$1:1$
	质量	M	$1:N^3$				

6.1.3　优越性

土力学之所以能从固体力学、材料力学中分离出来,成为力学学科的重要分支,是由岩土类材料具有的特性所决定的。与理想的金属类材料相比,岩土类材料主要有以下的重要特性:

(1)应力相关性——土体模量与强度等力学性质随应力水平(围压)的变化而变化;在研究土的单元力学特性时,常需要采用三轴试验方法,目的就是为了反映土在不同应力水平条件下的性质。而在进行金属材料单元力学特性试验时则不需要三轴试验,采用单轴试验就可以满足要求,因为金属材料的力学性质与应力水平无关。

（2）摩擦性——土体存在内摩擦角，$\tau = c + \sigma\tan\varphi$，存在强度与正应力的耦合；金属类材料的强度一般只有与 c 类似的强度，没有内摩擦角。

（3）非线性——土体的应力应变关系呈非线性与弹塑性，几乎没有弹性变形阶段。

（4）剪胀性——土体剪切会产生体积的变化，存在剪切应力与体积变化的耦合。

（5）多相性——土、水、气的多相混合体，带来的特殊问题是非饱和土、渗流问题、固结问题、液化问题等。

（6）各向异性——历史沉积产生的成层，以及土石坝的分层填筑。

（7）历史相关性——土体诸多的力学性质还取决于达到这一应力状态的历史过程。

（8）随时间变化的特性，如固结问题、流变（蠕变）问题。

（9）结构性——天然原始状态下土的强度与扰动土的强度有很大的差异。

岩土类材料有别于理想金属材料的上述特性，使岩土材料成为最为复杂、最为一般、最有广泛代表性的工程材料之一，因为如果上述的性质完全退化，就得到了理想的金属材料性质。离心模型试验方法在岩土力学研究中的优越性，主要表现为能准确模拟土的应力相关性、剪胀性、摩擦性、非线性与多相性等特性。

图 6-1 是标准砂的三轴试验结果，它反映了土的几个特点：首先，土的应力应变关系是非线性的；其次，土的应力应变、强度、变形模量是随它所受到的应力水平（σ_3）的大小而变化的；再次，土的体积变形在不同应力水平之下表现不同，有时可能是相反的（如剪胀和剪缩）。

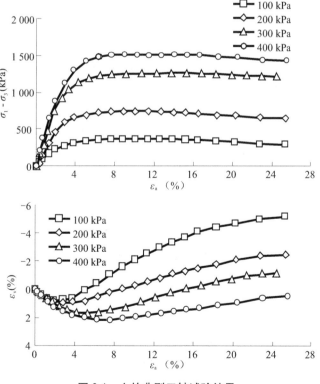

图 6-1　土的典型三轴试验结果

图 6-1 中的曲线是在不同的围压条件下得到的,土所受到的围压的大小,实际上代表了沉箱下不同位置土体的应力应变状态。在离心模型中,由于受到离心惯性力场的作用,模型中每一点的土体应力都与原型对应点的应力相等,模型的土又与原型相同,显然,相同的土体在相同的受力条件作用下,其力学表现必然是相同的。这样就保证了模型与原型的整体相似性。这就是离心模型的基本原理。因此,把模型放到离心机上转,是为了向模型施加离心惯性力,离心惯性力使模型应力与原型相同,从而达到用模型表现、模拟原型的目的。

现在比较一下常规模型与离心模型的区别。在常规模型中,场加速度是常数,为 $1g$(重力加速度),即 $\bar{g} = 1$,代入式(6-5)后,可得到

$$\bar{\sigma} = \bar{l} \tag{6-8}$$

式(6-8)表明,常规模型的应力水平是随模型率也就是随模型的几何尺寸的大小而变化的。我们假定模型比尺 $N = 4$,此时模型应力是原型应力的 1/4,从图 6-1 可以看出,用常规模型的应力水平 $\sigma_3 = 100$ kPa 的曲线来代表原型应力水平 $\sigma_3 = 400$ kPa 是不可能得到正确的试验结果的,模型所表现出的力学特性,如变形、土压力、孔隙水压力、破坏机制等就必然与原型有较大的差异。因此,从理论上讲,对常规模型而言,只有当 $N = 1$ 时,即原型试验情况,才能真实表现原型。基于这一原因,常规模型试验方法已很少在实际工程的研究中采用。

6.1.4 模型和原型的渗透相似性

渗流是土石坝中不可忽视的问题,蓄水和降雨会引起心墙的渗流场发生变化。以往对水在土体中的流动特性的研究主要采用常规的 $1g$ 渗透试验,而此类试验对于渗透性很低的黏性土而言,持续时间比较长,且对于高水头差(或水力梯度)下水的渗流特性,常规 $1g$ 模型试验也无法准确模拟。利用离心模型试验技术进行水在土体中流动特性的研究,不但能够正确模拟重力场,而且可以根据时间比尺将长期的渗流过程缩短为离心机内短时间的模拟。因此,利用离心模拟技术进行水在土体中的流动特性研究有很好的发展前景,具有重要的现实意义和应用价值。

6.1.4.1 渗流基本理论

水在土体孔隙中渗透时,由于渗透阻力的作用,沿程必然伴随着能量的损失。为了揭示水在土体中的渗透规律,法国工程师达西(Darcy)经过大量的试验研究,于 1856 年总结得出渗透能量损失与渗流速度之间的相互关系,即达西定律,他把渗流速度表示为

$$v = k\frac{\Delta h}{L} = ki \tag{6-9}$$

式中:v 为渗透速度,cm/s 或 m/s;k 为渗透系数,cm/s 或 m/s,其物理意义是当水力梯度等于 1 时的渗透速度;L 为渗径长度,cm 或 m;Δh 为试样两端的水位差,cm 或 m;i 为水力梯度,它是沿渗透方向单位距离的水头损失,无量纲。

同时,将渗流量表示为

$$q = vA = kiA \tag{6-10}$$

式中:q 为渗透量,cm³/s 或 m³/s;A 为试样截面面积,cm² 或 m²。

太沙基通过大量试验证明,从砂土到黏土达西定律在很大范围内都能适用,其适用范围是由雷诺数(Re)来决定的,也就是说只有当渗流为层流的时候才能适用。

6.1.4.2　模型与原型渗透相似性研究

利用土工离心试验技术研究水在土体中的运动特性,目前已有不少研究成果。国内由于受到离心机试验设备的限制,这方面资料比较少,主要为国外的研究成果。

在土工离心试验技术中存在两个假设:第一,离心机能准确地产生 Ng 的等效重力场;第二,在 Ng 加速度下,模型与原型的力学性能相似。对于大多数静力问题,离心机确实能产生 Ng 等效的重力场,但是对于一些动力问题,这些假设就不成立了。当土粒子和水发生相对运动时,在 Ng 重力场下的特性就和 $1g$ 重力场下不相似。在这两种状况下,只有当雷诺数都小于 1 时假设才成立。

在利用土工离心模型技术研究水在土中的渗透特性的试验中,水在模型中的渗透速度是原型中的 N 倍,用公式表示为

$$v_{\mathrm{m}} = Nv_{\mathrm{p}} \tag{6-11}$$

式中:v_{m} 为水在离心模型中的渗透速度;v_{p} 为水在原型中的渗透速度;N 为试验时离心机的离心加速度。

这个结果已经被试验验证,并得到了大家的认可。由于渗流速度的不同,如果用同样的土和水,模型和原型中的雷诺数 Re 是不相同的。Singh 通过试验验证,只要保证雷诺数小于 1,达西定律在离心机中还是有效的。离心模型试验中,对于模型的渗流速度比原型增大 N 倍,基本上已经形成了共识,但在渗流速度增大的原因方面,许多学者持有不同的观点。

Schofield、Goodings 和 Taylor 等一些学者认为模型中渗透速度增加 N 倍是由于水力梯度增加 N 倍引起的,从式(6-9)可以看出,渗透系数不是重力的函数。另外,Cargill 和 Ko、Tan 和 Scott、Singh 和 Gupta 等一些学者认为,渗透速度的增加是因土的渗透系数成比例地增大了,而水力梯度不是重力的函数。

持有因水力梯度增加引起渗透速度增加的观点的学者认为,由于模型与原型的应力相同,而模型的渗透路径是原型的 $1/N$,按照水力梯度是过水路径上每单位长度能量损失的概念,模型中的水力梯度是原型的 N 倍,即

$$i_{\mathrm{m}} = Ni_{\mathrm{p}} \tag{6-12}$$

式中:i_{m} 为离心模型中的水力梯度;i_{p} 为原型中的水力梯度。

持有渗透系数增加引起渗透速度增加的观点的学者认为,水力梯度 $i = \dfrac{\Delta h}{L}$,其中

$$\Delta h = \frac{\Delta p}{\rho g} + \frac{\Delta v^2}{2g} + \Delta z \tag{6-13}$$

式中:Δh 为流体单位容重的能量损失率。

在多数情况下,流速水头很小,$\dfrac{\Delta v^2}{2g}$ 项可以忽略不计,对于不可压缩流体,由伯努利方程可知,$\dfrac{\Delta p}{\rho g} + \Delta z$ 为测压管水头,在渗透试验中是一个不变量。

Muskat、Lambe 和 Whitman 分别给出了渗透系数与流体容重的关系式,即

$$k = K \frac{\gamma}{\mu} = K \frac{\rho g}{\mu} \tag{6-14}$$

式中:K 为土体的内在渗透系数,是颗粒形状、直径和填料的函数;μ 为流体的动力黏度;ρ 为流体的密度;g 为重力加速度。

由康采尼-卡曼方程可知:

$$K = \frac{d_{\mathrm{m}}^2 n^3}{180 \left(1 - n\right)^2} \tag{6-15}$$

式中:n 为孔隙率;其他变量含义同前。

由式(6-14)、式(6-15)可以看出,当重力加速度增大 N 倍时,渗透系数也增大 N 倍。

理论推导如果能够得到试验的验证,就能够用来指导实际工程,这将具有很重要的现实意义。

将式(6-13)、式(6-14)代入式(6-9),得

$$v = \frac{K}{\mu} \frac{\Delta(p + z\rho g)}{\Delta L} \tag{6-16}$$

由式(6-14)、式(6-16)可以得出适用于离心机试验的达西定律:

$$v = \frac{k_{1g}}{\gamma_{1g}} \frac{\Delta(p + z\rho g)}{\Delta L} \tag{6-17}$$

式中:k_{1g}、γ_{1g} 分别为 $1g$ 时的渗透系数和液体容重。

Singh 和 Gupta 利用小离心机得出了变水头试验的结果。其重力加速度与渗透系数关系曲线如图 6-2 所示。他们还给出了试验数据的拟合公式,即

$$\frac{k_{\mathrm{cen}}}{k_{\mathrm{p}}} = N^{\chi} \tag{6-18}$$

式中:k_{cen} 为离心机试验获得 Ng 时的渗透系数;k_{p} 为离心机试验常规 $1g$ 试验获得的渗透系数;χ 为比例系数,无量纲。

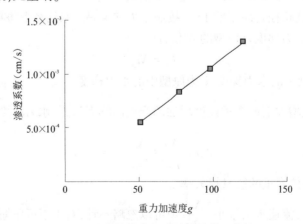

图 6-2　重力加速度与渗透系数关系曲线

比例系数 χ 与重力加速度关系曲线如图 6-3 所示。由此可以看出,除去试验仪器和

试验手段以及固结等因素的影响,比例系数 $\chi \cong 1$,因此在 Ng 的离心加速度下,离心机里测得的渗透系数 k_m 与常规渗透试验测得的渗透系数 k_p 应满足如下关系式:

$$\frac{k_m}{k_p} = N \tag{6-19}$$

式中: k_m 为离心机试验获得的渗透系数; k_p 为常规 $1g$ 试验获得的渗透系数; N 为试验时离心机的离心加速度。

因此,离心模型试验中,模型和原型的渗透性是相似的。

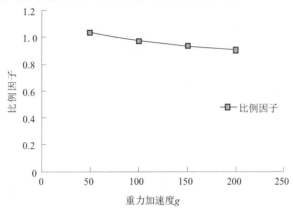

图 6-3　比例系数 χ 与重力加速度关系曲线

6.1.5　试验设备

6.1.5.1　400gt 离心机

离心模型试验在南京水利科学研究院 400gt 土工离心机(见图 6-4)上进行。该机的最大半径(吊篮平台至旋转中心)5.5 m,最大加速度 $200g$,最大负荷 2 000 kg,吊篮平台尺寸为 1 100 mm ×1 100 mm。该机装有 100 通道的银质信号环,其中 10 路电力环,70 路应变测量,20 路位移测量;还配备有 1 路气压环(20 MPa),2 路液压环(20 MPa,供水速率30 L/min)。转臂采用了先进的双铰支跷跷板结构,有一定自调平衡能力,另外该机还配有一套动态调平系统。试验用模型箱的有效尺寸为 1 100 mm ×700 mm ×400 mm(长×高×宽),其一侧面为有机玻璃窗口,在模型上做好标志后可监控模型的变形(见图 6-5)。

图 6-4　400gt 大型土工离心机

图 6-5　模型整体布置

6.1.5.2　测试仪器

坝体沉降采用进口激光位移传感器测量,如图 6-6 所示。其特点是精度高、抗干扰能力强。

图 6-6　Wenglor-YP05MGVL80 型激光位移计

孔隙水压力采用微型孔隙水压力传感器测量,此传感器的特点是灵敏度高,信号强,干扰小。

6.1.5.3　数据采集系统

该系统由前置数据采集装置、集流环及微机组成,配备有 90 路测量通道,其中 70 路用于应变测量,20 路用于位移测量,数据采集频率为 1 次/s。其中,前置数据采集装置安装在离心机转臂端部靠近挂斗处,直接与测量传感器连接,微机放在控制室中,便于试验过程中随时获取试验数据。试验时,模型中埋设的传感器输出的信号由前置数据采集装置实时采集,采集的信号经集流环上传至主机,由主机显示、存储测量结果并进行处理。

6.1.5.4　闭路电视系统

该系统由高分辨率 CCD 摄像机、监视器、录像机组成。试验时将高分辨率 CCD 摄像机安装在离心机转臂端部挂斗上,其镜头对模型箱有机玻璃面,该面为模型侧断面,制模时在模型表面做好测量标志,其标志网格点的坐标由摄像机摄入后经集流环上传至监视器中显示,这样在试验过程中可监视模型在任一时期的变形情况,必要时可用录像机录制整个试验过程,以便于试验后处理。

6.2　试验目的、内容和方法

6.2.1　试验目的和内容

　　土石坝应力和变形的研究方法基本上可分为三类：一是常规计算，通过常规方法计算土石坝的应力和变形，该法只能进行一些简单计算，难以确切反映复杂的实际条件，进行准确估算。二是数值模拟与理论分析，即根据室内单元土体的试验结果，找出规律、提出假定，再依据某一条件来预测结构的整体行为，由于土的复杂性及土的本构模型、计算参数的不确定性，目前仍难达到定量的水平，预测值与实际往往相差很大。三是普通模型试验方法，此方法主要应用在研究结构问题方面，而在研究土工问题时，由于不能满足模型与原型应力水平相同的要求，使得此方法得出的结果与实际相差甚远，难以在岩土工程领域内应用。

　　由于离心模型试验方法能满足模型与原型应力水平相同的要求，被国内外专家公认为研究岩土工程问题最为有效、最为先进的研究方法和试验技术，得到广泛应用。本项目采用先进的离心模型试验技术，研究前坪水库大坝及防渗墙应力变形特性，主要研究内容为：

　　(1)284 d 施工期、蓄水期(设计水位标高，下同)、近 9 年运行期(设计水位标高，下同)坝顶沉降及坝体剖面变形特性。

　　(2)蓄水期、近 9 年运行期黏土心墙内土压力分布特性。

　　(3)蓄水期、近 9 年运行期黏土心墙内孔压分布特性。

6.2.2　大坝施工期及运行期变形试验方法

6.2.2.1　试验模型

　　前坪水库最大坝高 90.4 m，覆盖层厚约 8.5 m，采用长×宽×高为 1 100 mm ×700 mm × 400 mm 的模型箱，取大坝最大断面，按平面问题进行试验。综合考虑试验要求及试验条件等因素，确定本次离心模型试验的模型比尺 N 为 160。模型及传感器布置见图 6-7。

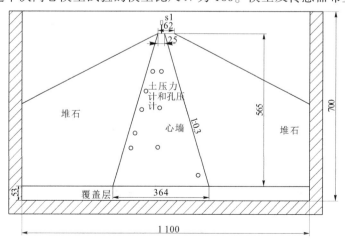

图 6-7　模型及传感器布置　(单位：mm)

6.2.2.2　模型制备

　　试验模拟了心墙和堆石两种筑坝材料。离心机模型心墙料的限制粒径取为 40 mm，按等量替代法确定模型心墙料的颗粒级配。堆石料的限制粒径取为 60 mm，先按相似级配法进行缩尺，再按等量替代法确定模型堆石料的颗粒级配。

　　试验模型坝体的填筑方法：根据颗粒级配要求加工心墙料和堆石料，按含水率和干密度（$\rho_d = 1.72$ g/cm³）要求配制心墙料，然后采用分层方法填筑心墙料和堆石料，每层压实后的层厚为 5 cm。首先填筑心墙料，根据填筑密度和体积称取每层所需心墙料的重量，重型击实到 5 cm，除去多余部分，成型后的心墙如图 3-2 所示。然后按填筑堆石料，根据填筑密度和体积称取每层所需堆石料的重量，重型击实到 5 cm。心墙制模如图 6-8 所示，完整试验模型如图 6-9 所示。

图 6-8　心墙制模照片

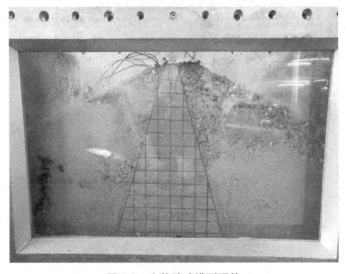

图 6-9　完整试验模型照片

试验模型布置了位移传感器和孔隙水压力传感器,具有布置见图 6-7。在坝顶中心处安装位移传感器,测定施工期、蓄水期和运行期坝体的沉降。试验模型中初始无水,通过在离心机上安装水箱和电磁阀,模拟控制蓄水水位上升,在离心机加速度达到 160g 后即开通电磁阀向上游放水,模拟蓄水期,蓄水水位为 418 m。

6.2.2.3　试验程序

（1）模型制备:加工堆石料和心墙料→根据含水率配制心墙料→根据密度要求填筑心墙(期间在相应的位置埋设孔隙水压力传感器)→按填筑密度填筑堆石料→安装坝顶处的位移传感器。

（2）试验过程:将模型放入离心机吊篮中→传感器接线,进行试验全程测试→将离心机加速度到设计加速度 160g,模拟坝体施工到高程 424.7 m→不停机向上游加水至 418 m高程,模拟蓄水期→保持蓄水水位,离心机继续运行,模拟运行期。

（3）后续工作:停机→将模型箱吊出→放空蓄水→观察模型有无异常情况→拆卸模型→数据处理。

6.3　大坝施工期及运行期变形特性研究

通过对试验过程中各传感器采集数据、图像资料,以及试验模拟各个时期坝体的变形特性和孔压分布规律进行整理,分析坝体的变形协调特性和渗流稳定特性。

坝体位移通过两种方式测得。对于坝顶沉降变形,采用激光位移传感器进行直接测量;对于坝体内部变形,采用图像处理的 PIV 技术,对试验过程中采集的照片信息进行处理,对比标定点的位置相对变动,换算出坝体内部变形。

对于坝体内部孔压分布特性,采用微孔压计直接测得。

试验测得的坝顶沉降过程曲线如图 6-10 所示。

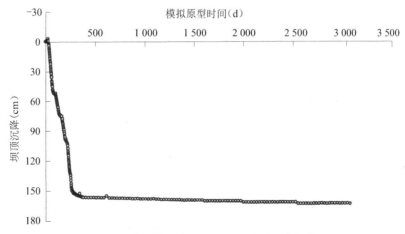

图 6-10　离心模型试验坝顶沉降随时间变化曲线

试验测得的各个位置孔压传感器变化曲线如图 6-11 所示。

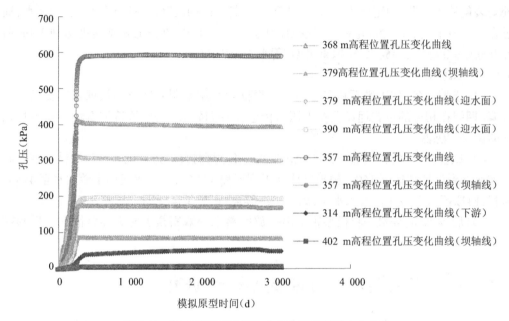

图 6-11　离心模型试验坝体内部孔压随时间变化曲线

由图 6-10 可知,离心加速度由 0 增加到 $160g$,模拟坝体施工过程,施工历时约 300 d,此时坝顶最大沉降为 152.3 cm,之后保持离心加速度不变,打开电磁控制阀,向模型上游侧注水,模拟坝体蓄水过程,模型蓄水历时 100 d 左右。蓄水期坝体沉降继续增加,但增加量不明显。蓄水结束后,坝顶最大沉降为 156.7 cm,较竣工期增加了 4.4 cm。蓄水至设计水位后,关闭注水阀门,模拟水库满蓄状态下坝体的运行期变形过程,模拟历时约 2 600 d。在保持满蓄状态,坝体运行期变形继续增大,运行期最大沉降达到 163.2 cm,沉降较竣工期增加了 10.9 cm,沉降在蓄水结束后 2 100 d 后,基本保持不变直至试验结束。

由图 6-11 可知,在离心加速度由 0 增加到 $160g$,模拟坝体施工过程中,黏土心墙内部孔压传感器有较小的量值,表明在施工过程中,由于心墙渗透系数较小,坝体受自重影响发生变形,导致坝体内部出现一定的超孔压。蓄水开始,水位不断增高,埋设在心墙迎水面附近的孔压传感器量值迅速增大,蓄水结束后,孔压达到最大值,并在之后的运行期,基本保持不变。而埋设在下游面对应 314 m 高程位置的孔压传感器的反应明显滞后于其他传感器,这是由于蓄水过程中,心墙内部尚未形成稳定渗流场,渗流水体通过坝体到达心墙下游面位置,受渗透路径影响,表现出明显的滞后特性。

采用图像处理 PIV 技术,对心墙上布设的标记点进行采集,识别出标记点的相对变动,整理出心墙的变形分布。需要说明的是,在采集过程中,由于受到干扰,部分图片中标记点位置不清晰,故作为无效点处理,目前识别的有效点为 25 个,蓄水后由于水的浸泡,多数标记点失效,故目前只针对竣工期进行整理。图 6-12 为竣工期心墙的沉降分布等值线图。图 6-13 为竣工期心墙的水平位移分布等值线图。

由图 6-12 可知,竣工期测得的心墙最大沉降为 175 cm,发生在距坝底 65 m 位置坝轴

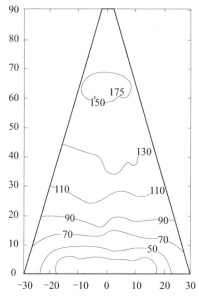

图 6-12　竣工期离心模型试验测得的心墙沉降分布等值线图　（单位:cm）

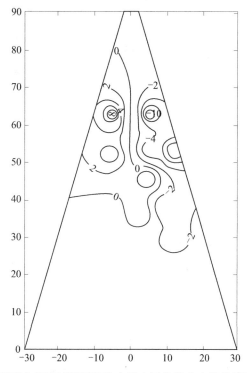

图 6-13　竣工期离心模型试验测得的心墙水平位移分布等值线图　（单位:cm）

线附近。最大沉降较坝顶测得的坝顶沉降大 22.7 cm。图 6-13 为坝体水平位移等值线图。需要进一步说明的是,由于坝体水平位移远小于竖向位移,在离心模型试验中,实际测得的水平位移量值非常小,已经超出了 PIV 技术的识别精度,故绘制出的图形规律性不好。从图 6-13 上看,水平位移基本呈左右对称分布。

6.4　离心模型试验的数值反馈

由于离心模型试验技术的限制,试验过程中能够测得的数据非常有限,且受传感器性能限制以及其他干扰因素,易导致采集数据无效。作为试验的补充,采用数值模拟手段对离心模型试验的完整过程进行数值模拟,计算模型尺寸与离心模型试验保持一致,计算参数采用前文试验中获取的坝料南水模型试验参数,模拟加载过程与离心试验保持一致。

6.4.1　三维有限元模型介绍

根据图 6-7,结合模型箱尺寸,建立与离心模型试验同尺寸三维有限元模型如图 6-14 所示。

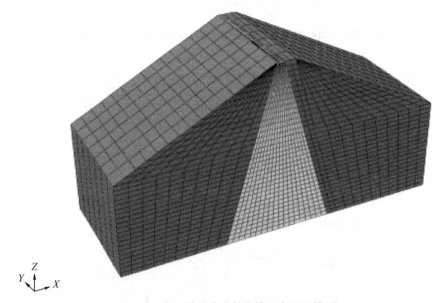

图 6-14　离心模型试验数值模拟有限元模型

模型共 12 960 个节点,10 920 个单元。模型底部施加三向约束,模型四周施加法向约束。

6.4.2　计算结果

将计算得到的坝顶沉降与离心模型试验测得的沉降进行比较,结果如图 6-15 所示。

将计算得到的竣工期坝体沉降和坝体水平位移与试验测得的坝体心墙沉降与水平位移进行比较,结果如图 6-16 和图 6-17 所示。

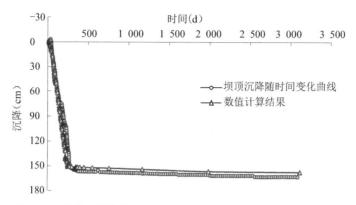

图 6-15　数值计算与模型试验得到的坝顶沉降对比　（单位：cm）

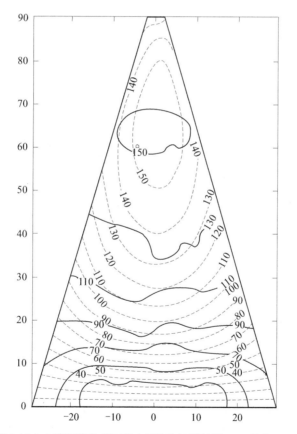

图 6-16　心墙沉降结果对比（虚线为计算结果）　（单位：cm）

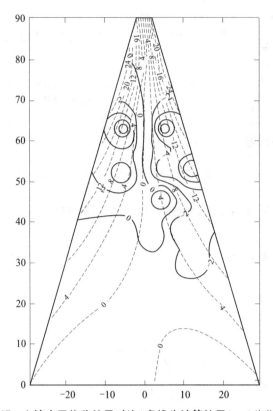

图 6-17　心墙水平位移结果对比(虚线为计算结果)　（单位:cm）

由计算结果与试验结果对比可以看出,心墙沉降值与计算结果比较吻合,试验测点得到的沉降值与计算结果在量值上比较接近,分布规律基本一致。坝体最大沉降发生的位置也较为吻合。水平位移的分布试验值与计算值有所出入,但量值上整体差别不大。

从计算结果与试验结果的整体对比来看,本研究计算所使用的计算模型、计算参数及计算方法能较为真实地反映实际工程特性。

6.5　本章小结

采用离心模型试验手段,对坝体的变形协调特性和渗流稳定特性开展模型试验研究,得出如下结论:

(1)物理模型试验直观体现了黏土心墙坝在施工期、蓄水期和运行管理期变形发生发展的过程,揭示了黏土心墙中超孔压的累计消散对坝体变形特性的影响规律。

(2)试验结果表明,坝体主要沉降变形发生在施工期,蓄水引起的坝体沉降量不大。坝体在满蓄状态下,运行管理期存在一定的长期变形,离心模型试验结果显示,在试验条件下,坝体运行管理期沉降增量较竣工期增大 10.9 cm,该变形量可能会导致坝顶公路、防浪墙等附属结构发生差异变形导致的局部开裂,应当引起管理方重视。

(3)在试验条件下,坝体运行期沉降发展缓慢,沉降达到稳定状态约需要 7 年时间。

(4)试验结果同时揭示,在长期水荷载作用下,心墙未出现裂缝,在模拟历时 3 000 d 过程中,坝体上游水位未发生变化,下游区域未见明显水渗出,表明黏土心墙有很好的防渗性能,心墙未发生渗流破坏。

(5)采用数值模拟的手段反馈离心模型试验过程,对比计算结果和试验结果,两者吻合度较高,也印证了本研究所采用的计算模型、计算方法和计算参数的合理性。

第 7 章　基于最优化设计的坝体三维瞬态流固耦合分析

　　在前文研究基础上,结合设计资料和相关试验资料,采用非线性弹塑性本构模型,结合瞬态流固耦合计算方法,真实模拟坝体的实际填筑过程、蓄水过程及运行期变形规律,精细化模拟坝体在施工期、蓄水期和运行期的工作性态,为坝体的设计方案、施工速度以及运行期的管理维护提供科学依据。

7.1　三维有限元模型介绍

　　模型深度自建基面向下取 80 m,两侧自坝底侧向外延伸 350 m 作为截断边界。模型底部施加三向约束,四周施加法向约束。坝体以及坝体各区域三维有限元模型如图 7-1~图 7-6 所示。

图 7-1　整体三维有限元模型

　　本次计算模型按照坝体材料分区进行有限元网格剖分,共划分 326 648 个单元,345 836 个节点,单元类型为 C3D8P,在反滤料-心墙、防渗墙-坝体间设立薄层单元替代接触面单元。本次计算采用流固耦合计算方法,模型共划分 79 个计算步。第 1 步为地应力平衡步,建立初始地应力场,消除覆盖层初始沉降位移影响,在此基础上开展计算工作;第 2~72 步为土石坝施工填筑过程,第 73~78 步为土石坝蓄水至校核水位的过程;第 79 步模拟在校核水位情况下持续 10 000 d,研究坝体的工后变形。

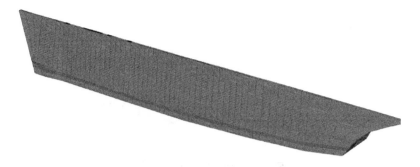

图 7-2　黏土心墙三维有限元模型图

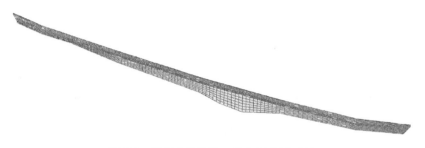

图 7-3　混凝土防渗墙三维有限元模型图

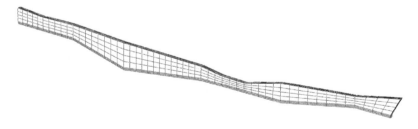

图 7-4　防渗帷幕三维有限元模型图

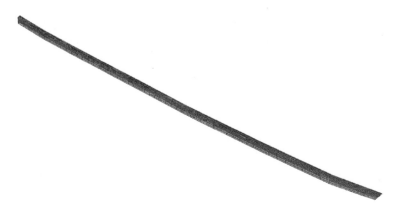

图 7-5　高塑性黏土三维有限元模型图

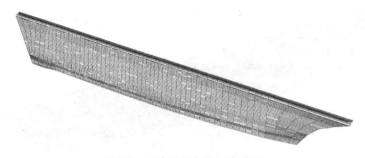

图 7-6　反滤三维有限元模型图

图 7-7~图 7-15 为坝体典型断面剖面网格图。

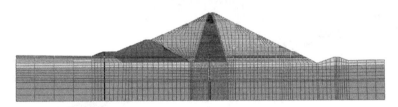

图 7-7　0+440 断面剖面网格图

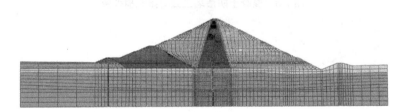

图 7-8　0+500 断面剖面网格图

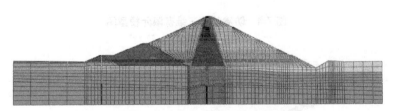

图 7-9　0+600 断面剖面网格图

图 7-10　0+750 断面剖面网格图

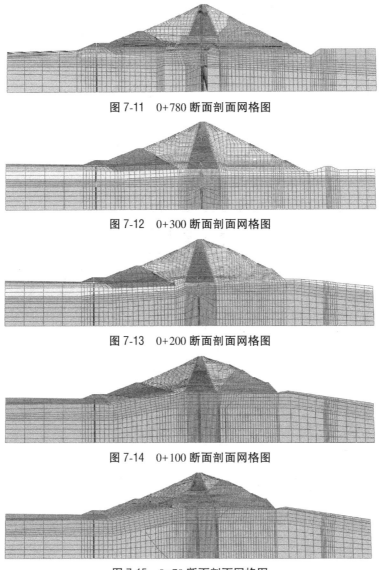

图 7-11　0+780 断面剖面网格图

图 7-12　0+300 断面剖面网格图

图 7-13　0+200 断面剖面网格图

图 7-14　0+100 断面剖面网格图

图 7-15　0+70 断面剖面网格图

7.2　计算参数

　　本次计算中,对于砂砾石坝壳料、心墙料、高塑性黏土、砂砾石覆盖层均采用南水双屈服面弹塑性本构模型进行计算,对于基岩、混凝土防渗墙、防渗帷幕采用线弹性模型进行计算。其中,对于砂砾石坝壳料,前坪水库大坝的实际设计相对密度 D_r 为 0.80,与第 6 章最优化设计所得到的 $D_r=0.788$ 相近,因此可以视为基于最优化设计确定的坝壳料相对密度。

　　计算参数通过试验数据和地质勘查资料获取。计算参数如表 7-1 所示。

表 7-1　坝体各区域南水模型参数汇总

坝体分区	材料号	相对密度	干密度 (g/cm³)	弹性模量 E(kPa)	泊松比 μ	渗透系数 (cm/s)	孔隙比 e	φ_0(°)	$\Delta\varphi$(°)	K	n	R_f	c_d(%)	n_d	R_d
基岩下风化	1	—	1.80	6×10^6	0.3	1.16×10^{-6}	—	—	—	—	—	—	—	—	—
基岩上风化	2	0.80	1.80	3×10^6	0.3	1×10^{-5}	—	—	—	—	—	—	—	—	—
覆盖层	3	—	2.11	—	0.3	0.042 7	0.37	52.4	8.8	680.1	0.42	0.61	0.26	0.75	0.52
坝壳料	4、5	—	2.14	—	0.3	0.042 7	0.24	53.1	9.0	885.9	0.39	0.60	0.27	0.88	0.50
反滤Ⅱ	6	—	1.95	—	0.3	0.458	0.3	46.5	6.5	583.0	0.45	0.67	0.18	0.96	0.59
反滤Ⅰ	7	—	1.84	—	0.3	3.14×10^{-3}	0.3	42.0	2.0	371.5	0.51	0.80	0.33	0.89	0.63
心墙	8	—	1.72	—	0.3	2.06×10^{-7}	0.54	32.9	6.4	146.5	0.43	0.78	2.30	0.60	0.77
防渗墙	9	—	2.40	2.8×10^7	0.167	1.16×10^{-8}	—	—	—	—	—	—	—	—	—
防渗帷幕	10	—	1.72	6×10^6	0.3	5.79×10^{-8}	—	—	—	—	—	—	—	—	—
薄层单元	11	—	2.14	—	0.3	2.06×10^{-7}	0.54	18	0	50	0.4	0.8	0.2	0.6	0.7

7.3　竣工期坝体应力变形特性计算结果

通过对计算结果进行整理,绘制坝体典型断面在竣工期的应力变形分布。重点整理 0+40 断面、0+280 断面、0+550 断面和 0+650 断面的应力变形特性。

7.3.1　坝体 0+550 断面应力变形特性

图 7-16 为 0+550 断面竣工期沉降等值线图,图 7-17 为 0+550 断面竣工期水平位移等值线图,图 7-18 为 0+550 断面竣工期大主应力等值线图,图 7-19 为 0+550 断面竣工期小主应力等值线图,图 7-20 为 0+550 断面竣工期应力水平等值线图,图 7-21 为 0+550 断面竣工期孔压等值线图。

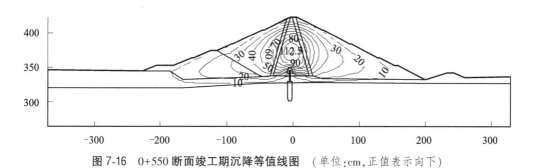

图 7-16　0+550 断面竣工期沉降等值线图　（单位:cm,正值表示向下）

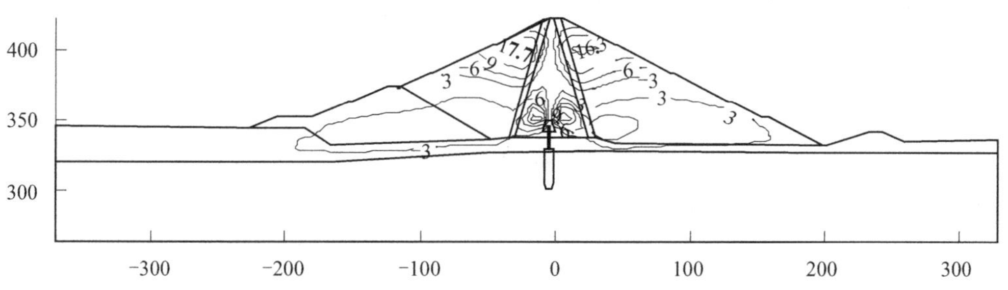

图 7-17　0+550 断面竣工期水平位移等值线图　（单位:cm,负值表示指向上游侧）

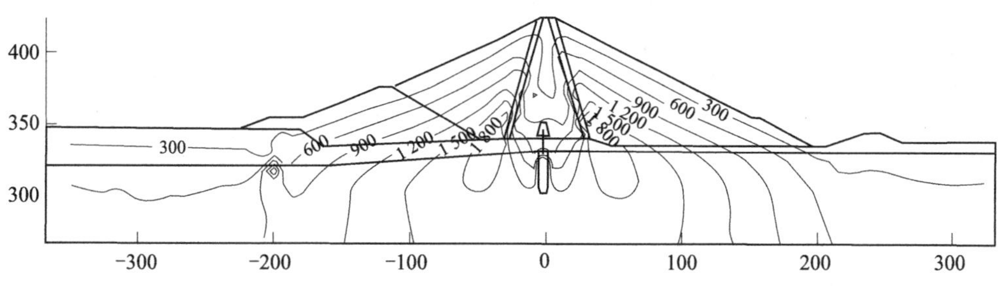

图 7-18　0+550 断面竣工期大主应力等值线图　（单位:kPa,正值表示压应力）

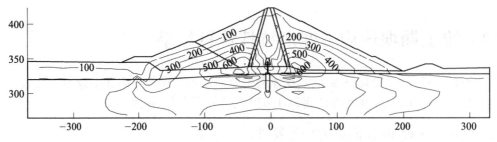

图 7-19 0+550 断面竣工期小主应力等值线图 （单位:kPa,正值表示压应力）

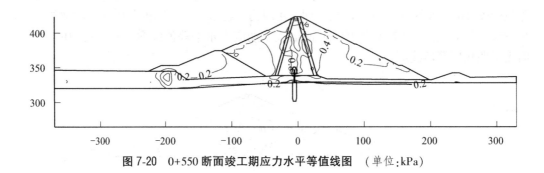

图 7-20 0+550 断面竣工期应力水平等值线图 （单位:kPa）

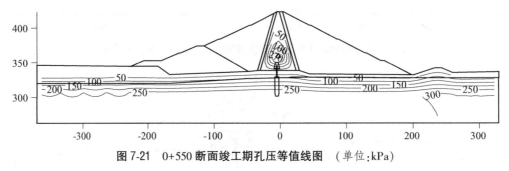

图 7-21 0+550 断面竣工期孔压等值线图 （单位:kPa）

竣工期 0+550 断面最大沉降为 112.5 cm,发生在约 1/2 坝高位置附近。最大水平位移为 17.7 cm,发生在心墙与上游侧反滤料交接面靠近坝顶附近,方向指向下游侧;最小水平位移为-16.3 cm,发生在最大水平位移的对称位置,方向指向上游侧。从大、小主应力分布规律来看,竣工期坝体大、小主应力均为压应力;大、小主应力在心墙与反滤交界位置有明显跌落,心墙内部应力拱比较明显。竣工期坝体整体应力水平不高,仅在混凝土防渗墙与高塑性黏土交界位置附近,由于变形不协调导致的应力劣化,出现较高的应力水平,坝体绝大部分位置应力水平较小。由于心墙渗透系数很小,在设计的施工速度下,坝体变形导致内部产生超孔压,在竣工时,超孔压来不及完全消散,残留在心墙内部,坝壳料内部无超孔压。竣工期心墙内部残留的超孔压最大值为 270 kPa。

7.3.2 坝体 0+650 断面应力变形特性

图 7-22 为 0+650 断面竣工期沉降等值线图,图 7-23 为 0+650 断面竣工期水平位移等值线图,图 7-24 为 0+650 断面竣工期大主应力等值线图,图 7-25 为 0+650 断面竣工期

小主应力等值线图,图 7-26 为 0+650 断面竣工期应力水平等值线图,图 7-27 为 0+650 断面竣工期孔压等值线图。

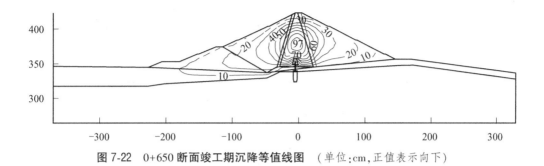

图 7-22　0+650 断面竣工期沉降等值线图　(单位:cm,正值表示向下)

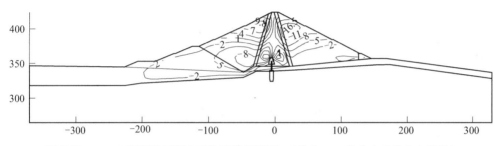

图 7-23　0+650 断面竣工期水平位移等值线图　(单位:cm,负值表示指向上游侧)

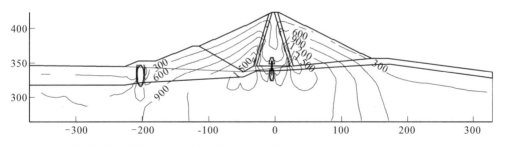

图 7-24　0+650 断面竣工期大主应力等值线图　(单位:kPa,正值表示压应力)

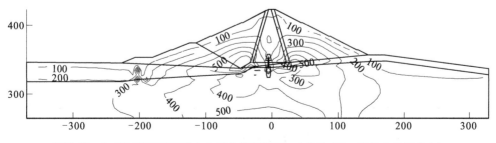

图 7-25　0+650 断面竣工期小主应力等值线图　(单位:kPa,正值表示压应力)

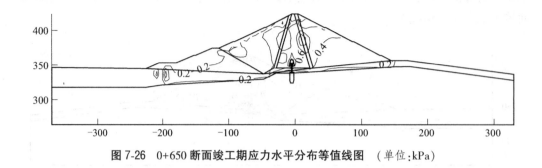

图 7-26 0+650 断面竣工期应力水平分布等值线图 （单位:kPa）

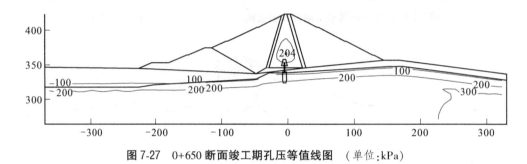

图 7-27 0+650 断面竣工期孔压等值线图 （单位:kPa）

竣工期 0+650 断面最大沉降为 97 cm,发生在约 1/2 坝高位置。最大水平位移为 9.8 cm,发生位置同 0+550 断面;最小水平位移为−16.5 cm,发生位置与 0+550 断面接近。大、小主应力分布规律以及应力水平分布规律与 0+550 断面基本一致。竣工期黏土心墙残留的超孔压最大值为 204 kPa。

7.3.3 坝体 0+280 断面应力变形特性

图 7-28 为 0+280 断面竣工期沉降等值线图,图 7-29 为 0+280 断面竣工期水平位移等值线图,图 7-30 为 0+280 断面竣工期大主应力等值线图,图 7-31 为 0+280 断面竣工期小主应力等值线图,图 7-32 为 0+280 断面竣工期应力水平等值线图,图 7-33 为 0+280 断面竣工期孔压等值线图。

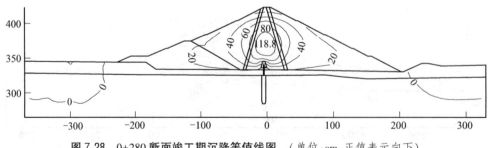

图 7-28 0+280 断面竣工期沉降等值线图 （单位:cm,正值表示向下）

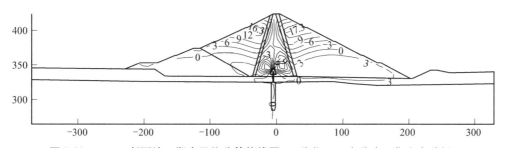

图 7-29　0+280 断面竣工期水平位移等值线图　（单位:cm,负值表示指向上游侧）

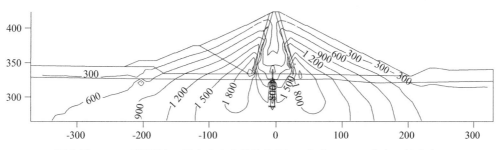

图 7-30　0+280 断面竣工期大主应力等值线图　（单位:kPa,正值表示压应力）

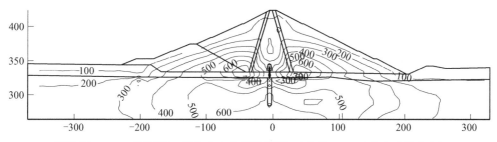

图 7-31　0+280 断面竣工期小主应力等值线图　（单位:kPa,正值表示压应力）

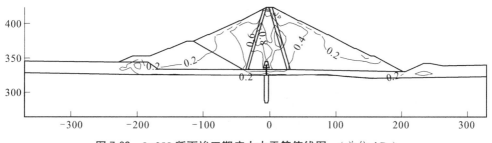

图 7-32　0+280 断面竣工期应力水平等值线图　（单位:kPa）

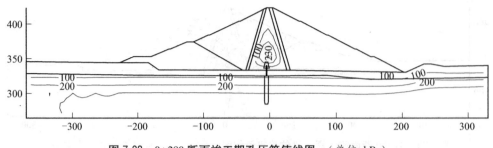

图 7-33　0+280 断面竣工期孔压等值线图　（单位:kPa）

竣工期 0+280 断面最大沉降为 118.8 cm,发生在约 1/2 坝高位置。最大水平位移为 16.3 cm,发生位置同 0+550 断面;最小水平位移为−17.3 cm,发生位置与 0+550 断面接近。大、小主应力分布规律以及应力水平分布规律与 0+550 断面基本一致。竣工期黏土心墙残留的超孔压最大值为 230 kPa。

7.3.4　坝体 0+40 断面应力变形特性

图 7-34 为 0+40 断面竣工期沉降等值线图,图 7-35 为 0+40 断面竣工期水平位移等值线图,图 7-36 为 0+40 断面竣工期大主应力等值线图,图 7-37 为 0+40 断面竣工期小主应力等值线图,图 7-38 为 0+40 断面竣工期应力水平等值线图,图 7-39 为 0+40 断面竣工期孔压等值线图。

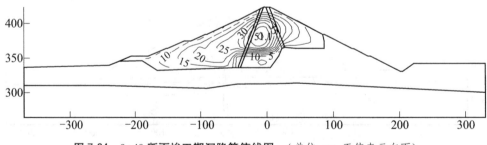

图 7-34　0+40 断面竣工期沉降等值线图　（单位:cm,正值表示向下）

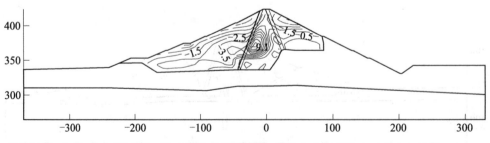

图 7-35　0+40 断面竣工期水平位移等值线图　（单位:cm,负值表示指向上游侧）

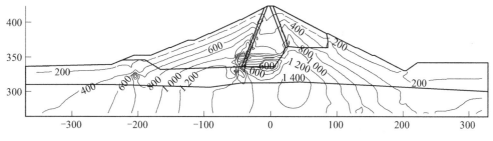

图 7-36　0+40 断面竣工期大主应力等值线图 （单位:kPa,正值表示压应力）

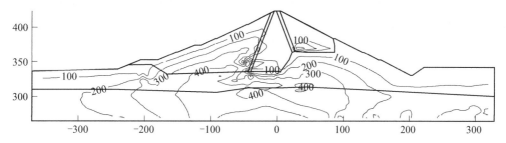

图 7-37　0+40 断面竣工期小主应力等值线图 （单位:kPa,正值表示压应力）

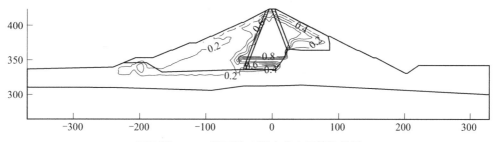

图 7-38　0+40 断面竣工期应力水平等值线图

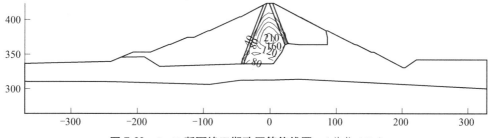

图 7-39　0+40 断面竣工期孔压等值线图 （单位:kPa）

竣工期 0+40 断面最大沉降为 51.1 cm,发生在约 1/2 坝高位置附近。水平位移分布规律较前几个断面有所不同,该断面下游侧快速收缩,导致坝体整体偏上游侧,最大水平位移发生在心墙内部,最小值为−9.1 cm,方向指向上游侧。大、小主应力分布也有所不同。坝体竣工期大、小主应力均为压应力,心墙内部大、小主应力均较小。竣工期心墙残余超孔压为 210 kPa。

7.4 施工完成后 60 d 坝体应力变形特性计算结果

为了进一步认识施工期孔压累计消散对坝体变形和应力影响规律,对施工结束 60 d 后坝体的应力变形特性进行整理。

7.4.1 坝体 0+550 断面应力变形特性

图 7-40 为 0+550 断面竣工结束 60 d 沉降等值线图,图 7-41 为 0+550 断面竣工结束 60 d 水平位移等值线图,图 7-42 为 0+550 断面竣工结束 60 d 大主应力等值线图,图 7-43 为 0+550 断面竣工结束 60 d 小主应力等值线图,图 7-44 为 0+550 断面竣工结束 60 d 应力水平等值线图,图 7-45 为 0+550 断面竣工结束 60 d 孔压等值线图。

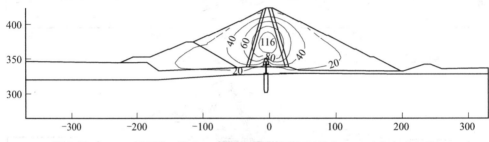

图 7-40 0+550 断面竣工结束 60 d 沉降等值线图 (单位:cm,正值表示向下)

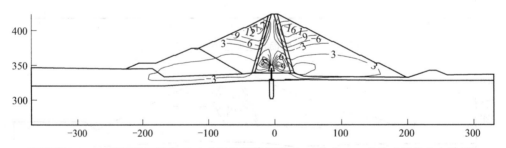

图 7-41 0+550 断面竣工结束 60 d 水平位移等值线图 (单位:cm,负值表示指向上游侧)

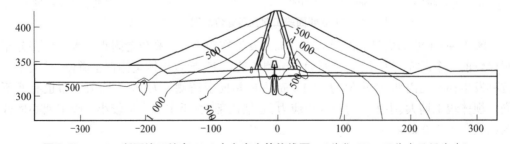

图 7-42 0+550 断面竣工结束 60 d 大主应力等值线图 (单位:kPa,正值表示压应力)

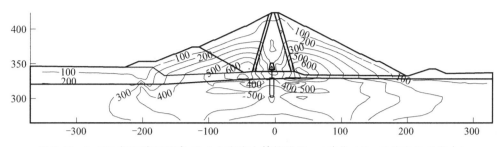

图 7-43　0+550 断面竣工结束 60 d 小主应力等值线图　（单位:kPa,正值表示压应力）

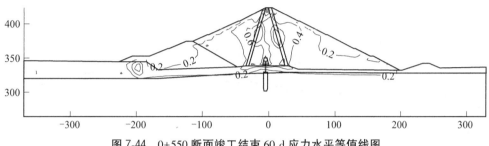

图 7-44　0+550 断面竣工结束 60 d 应力水平等值线图

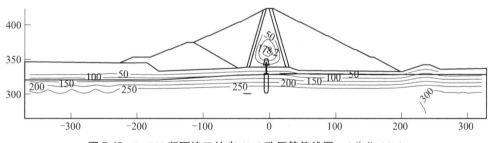

图 7-45　0+550 断面竣工结束 60 d 孔压等值线图　（单位:kPa）

　　竣工结束 60 d 后,坝体最大沉降为 116 cm,较竣工期增加了 3.5 cm,最大值发生的位置与竣工期一致。最大水平位移为 17.7 cm,最小水平位移为−16.1 cm,水平位移分布规律与竣工期一致,最大水平位移和最小水平位移均略有减小。竣工结束 60 d,坝体大、小主应力分布与竣工期基本一致,心墙内部大、小主应力和应力水平随着孔压的消散略有调整。竣工结束 60 d 后,心墙内部残余超孔压最大值为 178.2 kPa,较竣工期减小了 91.8 kPa,在施工结束后 60 d,心墙内部残余超孔压明显降低。

7.4.2　坝体 0+650 断面应力变形特性

　　图 7-46 为 0+650 断面竣工结束 60 d 沉降等值线图,图 7-47 为 0+650 断面竣工结束 60 d 水平位移等值线图,图 7-48 为 0+650 断面竣工结束 60 d 大主应力等值线图,图 7-49 为 0+650 断面竣工结束 60 d 小主应力等值线图,图 7-50 为 0+650 断面竣工结束 60 d 应力水平等值线图,图 7-51 为 0+650 断面竣工结束 60 d 孔压等值线图。

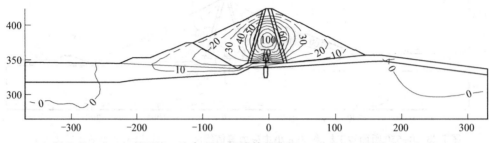

图 7-46　0+650 断面竣工结束 60 d 沉降等值线图　（单位:cm,正值表示向下）

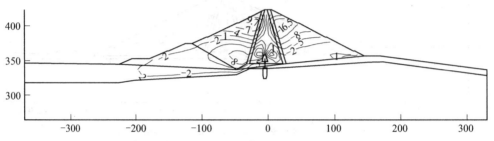

图 7-47　0+650 断面竣工结束 60 d 水平位移等值线图　（单位:cm,负值表示指向上游侧）

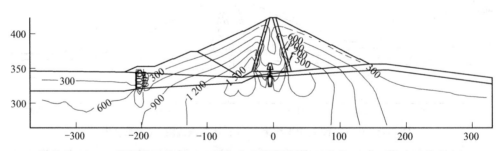

图 7-48　0+650 断面竣工结束 60 d 大主应力等值线图　（单位:kPa,正值表示压应力）

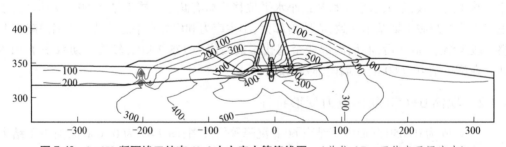

图 7-49　0+650 断面竣工结束 60 d 小主应力等值线图　（单位:kPa,正值表示压应力）

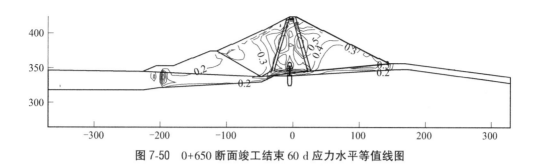

图 7-50　0+650 断面竣工结束 60 d 应力水平等值线图

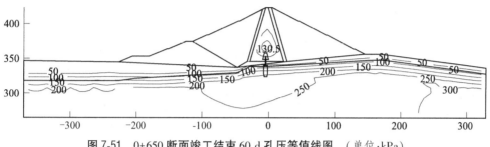

图 7-51　0+650 断面竣工结束 60 d 孔压等值线图　（单位:kPa）

竣工结束 60 d 后,坝体最大沉降为 100 cm,较竣工期增加了 3.0 cm,最大值发生的位置与竣工期一致。最大水平位移为 9.7 cm,最小水平位移为−16.5 cm,水平位移分布规律与竣工期一致,最大水平位移和最小水平位移均略有减小。竣工结束 60 d,坝体大、小主应力分布与竣工期基本一致,心墙内部大、小主应力和应力水平随着孔压的消散略有调整。竣工结束 60 d 后,心墙内部残余超孔压最大值为 130.5 kPa,较竣工期减小了 73.5 kPa,在施工结束后 60 d,心墙内部残余超孔压有明显降低。

7.4.3　坝体 0+280 断面应力变形特性

图 7-52 为 0+280 断面竣工结束 60 d 沉降等值线图,图 7-53 为 0+280 断面竣工结束 60 d 水平位移等值线图,图 7-54 为 0+280 断面竣工结束 60 d 大主应力等值线图,图 7-55 为 0+280 断面竣工结束 60 d 小主应力等值线图,图 7-56 为 0+280 断面竣工结束 60 d 应力水平等值线图,图 7-57 为 0+280 断面竣工结束 60 d 孔压等值线图。

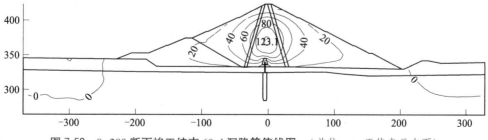

图 7-52　0+280 断面竣工结束 60 d 沉降等值线图　（单位:cm,正值表示向下）

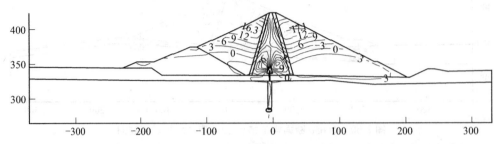

图 7-53　0+280 断面竣工结束 60 d 水平位移等值线图　（单位:cm,负值表示指向上游侧）

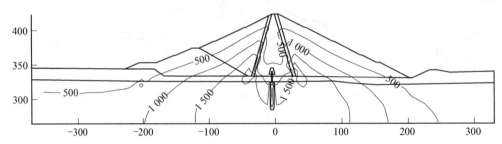

图 7-54　0+280 断面竣工结束 60 d 大主应力等值线图　（单位:kPa,正值表示压应力）

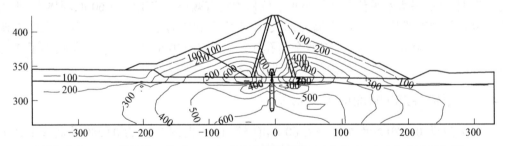

图 7-55　0+280 断面竣工结束 60 d 小主应力等值线图　（单位:kPa,正值表示压应力）

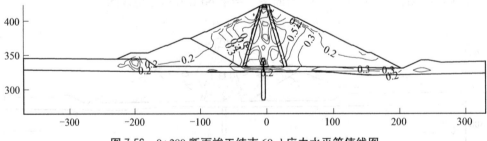

图 7-56　0+280 断面竣工结束 60 d 应力水平等值线图

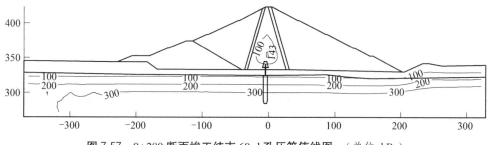

图 7-57　0+280 断面竣工结束 60 d 孔压等值线图　（单位：kPa）

　　竣工结束 60 d 后，坝体最大沉降为 123.1 cm，较竣工期增加了 4.3 cm，最大值发生的位置与竣工期一致。最大水平位移 16.3 cm，最小水平位移 −17.1 cm，水平位移分布规律与竣工期一致，最大水平位移和最小水平位移均略有减少。竣工结束 60 d，坝体大、小主应力分布与竣工期基本一致，心墙内部大、小主应力和应力水平随着孔压的消散略有调整。竣工结束 60 d 后，心墙内部残余超孔压最大值为 143 kPa，较竣工期减小了 87 kPa，在施工结束后 60 d，心墙内部残余超孔压有明显降低。

7.4.4　坝体 0+40 断面应力变形特性

　　图 7-58 为 0+40 断面竣工结束 60 d 沉降等值线图，图 7-59 为 0+40 断面竣工结束 60 d 水平位移等值线图，图 7-60 为 0+40 断面竣工结束 60 d 大主应力等值线图，图 7-61 为 0+40 断面竣工结束 60 d 小主应力等值线图，图 7-62 为 0+40 断面竣工结束 60 d 应力水平等值线图，图 7-63 为 0+40 断面竣工结束 60 d 孔压等值线图。

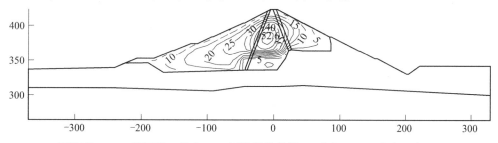

图 7-58　0+40 断面竣工结束 60 d 沉降等值线图　（单位：cm，正值表示向下）

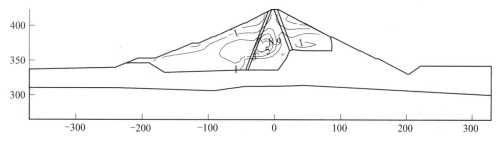

图 7-59　0+40 断面竣工结束 60 d 水平位移等值线图　（单位：cm，负值表示指向上游侧）

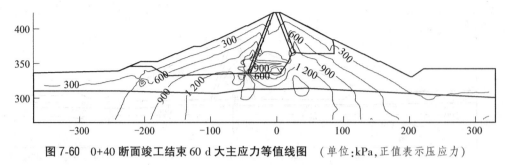

图 7-60　0+40 断面竣工结束 60 d 大主应力等值线图　（单位:kPa,正值表示压应力）

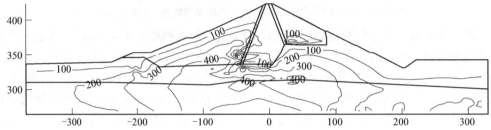

图 7-61　0+40 断面竣工结束 60 d 小主应力等值线图（单位:kPa,正值表示压应力）

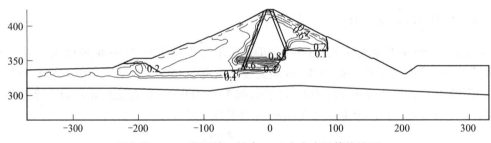

图 7-62　0+40 断面竣工结束 60 d 应力水平等值线图

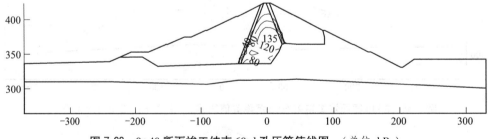

图 7-63　0+40 断面竣工结束 60 d 孔压等值线图　（单位:kPa）

竣工结束 60 d 后,坝体最大沉降为 52.6 cm,较竣工期增加了 1.5 cm,最大值发生的位置与竣工期一致。水平位移最小值为-8.9 cm,方向指向下游。竣工结束 60 d,坝体大、小主应力分布与竣工期基本一致,心墙内部大、小主应力和应力水平随着孔压的消散略有调整。竣工结束 60 d 后,心墙内部残余超孔压最大值为 135 kPa,较竣工期减小了 75 kPa,在施工结束后 60 d,心墙内部残余超孔压有明显降低。

7.5　蓄水期坝体应力变形特性计算结果

7.5.1　坝体 0+550 断面应力变形特性

图 7-64 为 0+550 断面蓄水期沉降等值线图,图 7-65 为 0+550 断面蓄水期水平位移等值线图,图 7-66 为 0+550 断面蓄水期大主应力等值线图,图 7-67 为 0+550 断面蓄水期小主应力等值线图,图 7-68 为 0+550 断面蓄水期应力水平等值线图,图 7-69 为 0+550 断面蓄水期孔压等值线图。

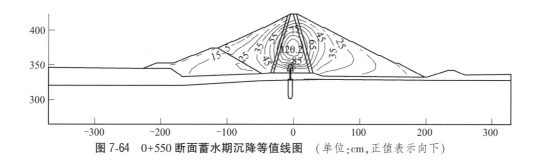

图 7-64　0+550 断面蓄水期沉降等值线图　（单位:cm,正值表示向下）

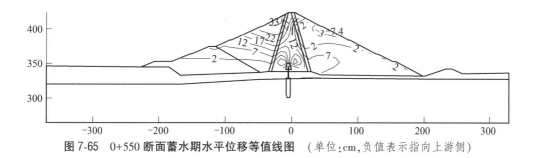

图 7-65　0+550 断面蓄水期水平位移等值线图　（单位:cm,负值表示指向上游侧）

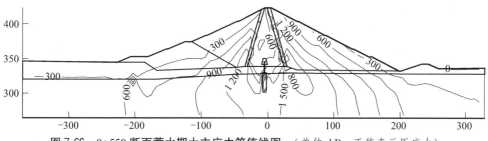

图 7-66　0+550 断面蓄水期大主应力等值线图　（单位:kPa,正值表示压应力）

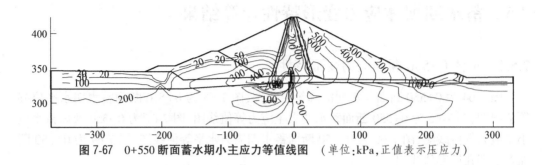

图 7-67　0+550 断面蓄水期小主应力等值线图　（单位:kPa,正值表示压应力）

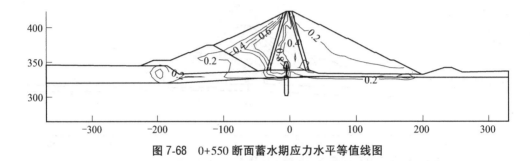

图 7-68　0+550 断面蓄水期应力水平等值线图

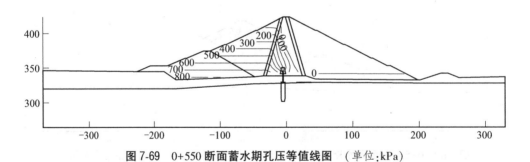

图 7-69　0+550 断面蓄水期孔压等值线图　（单位:kPa）

　　蓄水期 0+550 断面最大沉降为 120.2 cm,较竣工期沉降增加了 7.7 cm,沉降分布规律与竣工期基本一致。最大水平位移为 33 cm,发生在上游坝体坝壳料上部区域,方向指向下游;最小水平位移发生在下游坝坡中上部位置,最小值为-7.4 cm,方向指向上游。蓄水期大、小主应力分布有所调整,心墙内部大、小主应力变化比较明显。蓄水期坝体应力水平整体不高。蓄水期坝体渗流场分布合理,符合一般心墙坝的孔压分布规律。

7.5.2　坝体 0+650 断面应力变形特性

　　图 7-70 为 0+650 断面蓄水期沉降等值线图,图 7-71 为 0+650 断面蓄水期水平位移等值线图,图 7-72 为 0+650 断面蓄水期大主应力等值线图,图 7-73 为 0+650 断面蓄水期小主应力等值线图,图 7-74 为 0+650 断面蓄水期应力水平等值线图,图 7-75 为 0+650 断面蓄水期孔压等值线图。

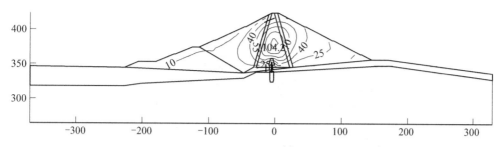

图 7-70 0+650 断面蓄水期沉降等值线图 （单位:cm,正值表示向下）

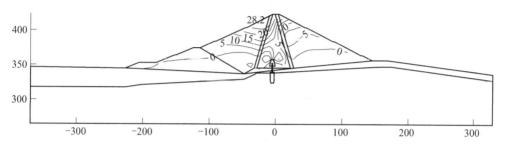

图 7-71 0+650 断面蓄水期水平位移等值线图 （单位:cm,负值表示指向上游侧）

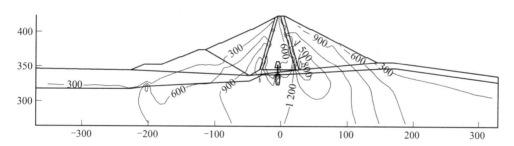

图 7-72 0+650 断面蓄水期大主应力等值线图 （单位:kPa,正值表示压应力）

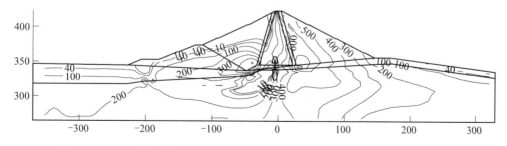

图 7-73 0+650 断面蓄水期小主应力等值线图 （单位:kPa,正值表示压应力）

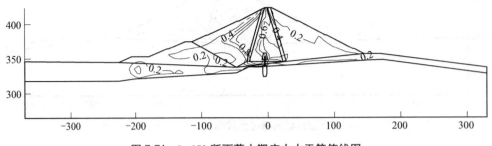

图 7-74　0+650 断面蓄水期应力水平等值线图

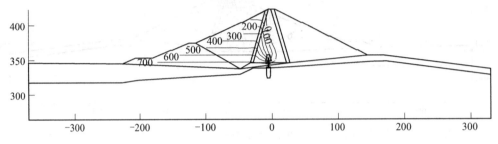

图 7-75　0+650 断面蓄水期孔压等值线图　（单位：kPa）

蓄水期 0+650 断面最大沉降为 104.2 cm，较竣工期沉降增加了 7.2 cm，沉降分布规律与竣工期基本一致。最大水平位移为 28.2 cm，发生在上游坝体坝壳料上部区域，方向指向下游；最小水平位移发生在下游坝坡中上部位置，最小值为 -5 cm，方向指向上游。蓄水期大、小主应力分布有所调整，心墙内部大、小主应力变化比较明显。蓄水期坝体应力水平整体不高。蓄水期坝体渗流场分布合理，符合一般心墙坝的孔压分布规律。

7.5.3　坝体 0+280 断面应力变形特性

图 7-76 为 0+280 断面蓄水期沉降等值线图，图 7-77 为 0+280 断面蓄水期水平位移等值线图，图 7-78 为 0+280 断面蓄水期大主应力等值线图，图 7-79 为 0+280 断面蓄水期小主应力等值线图，图 7-80 为 0+280 断面蓄水期应力水平等值线图，图 7-81 为 0+280 断面蓄水期孔压等值线图。

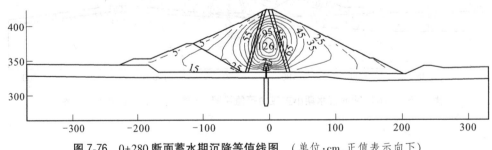

图 7-76　0+280 断面蓄水期沉降等值线图　（单位：cm，正值表示向下）

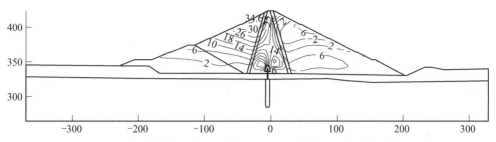

图 7-77　0+280 断面蓄水期水平位移等值线图　（单位:cm,负值表示指向上游侧）

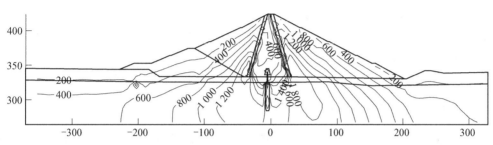

图 7-78　0+280 断面蓄水期大主应力等值线图　（单位:kPa,正值表示压应力）

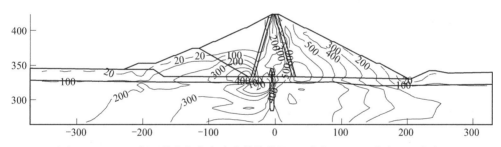

图 7-79　0+280 断面蓄水期小主应力等值线图　（单位:kPa,正值表示压应力）

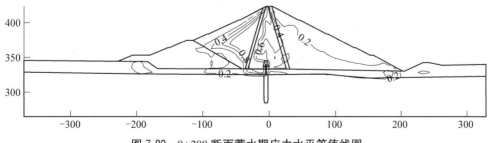

图 7-80　0+280 断面蓄水期应力水平等值线图

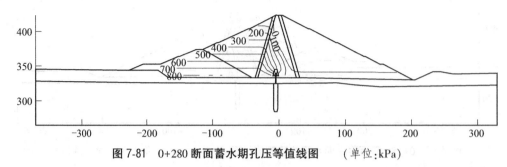

图 7-81　0+280 断面蓄水期孔压等值线图　（单位：kPa）

蓄水期 0+280 断面最大沉降为 127.7 m，较竣工期沉降增加了 7.9 cm，沉降分布规律与竣工期基本一致。最大水平位移为 24.6 cm，发生在上游坝体坝壳料上部区域，方向指向下游；最小水平位移发生在下游坝坡中上部位置，最小值为 -7.8 cm，方向指向上游。蓄水期大、小主应力有所调整，心墙内部大、小主应力变化比较明显。蓄水期坝体应力水平整体不高。蓄水期坝体渗流场分布合理，符合一般心墙坝的孔压规律。

7.5.4　坝体 0+40 断面应力变形特性

图 7-82 为 0+40 断面蓄水期沉降等值线图，图 7-83 为 0+40 断面蓄水期水平位移等值线图，图 7-84 为 0+40 断面蓄水期大主应力等值线图，图 7-85 为 0+40 断面蓄水期小主应力等值线图，图 7-86 为 0+40 断面蓄水期应力水平等值线图，图 7-87 为 0+40 断面蓄水期孔压等值线图。

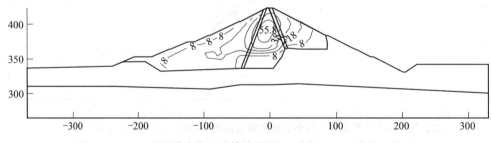

图 7-82　0+40 断面蓄水期沉降等值线图　（单位：cm，正值表示向下）

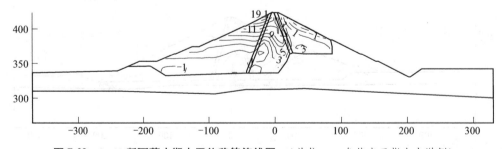

图 7-83　0+40 断面蓄水期水平位移等值线图　（单位：cm，负值表示指向上游侧）

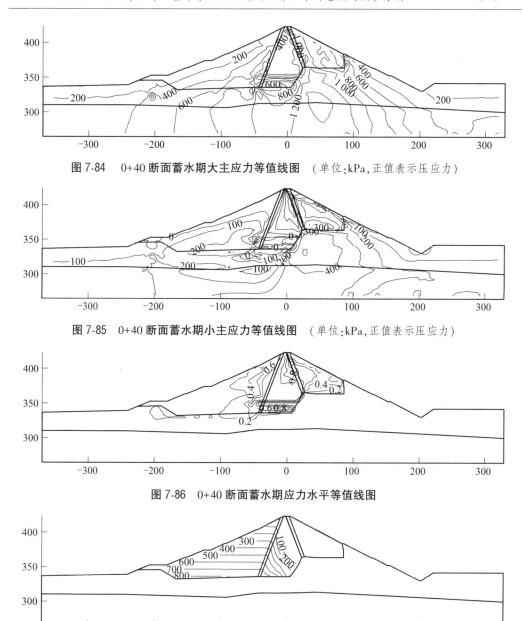

图 7-84　0+40 断面蓄水期大主应力等值线图　（单位:kPa,正值表示压应力）

图 7-85　0+40 断面蓄水期小主应力等值线图　（单位:kPa,正值表示压应力）

图 7-86　0+40 断面蓄水期应力水平等值线图

图 7-87　0+40 断面蓄水期孔压等值线图　（单位:kPa）

　　蓄水期 0+40 断面最大沉降为 55.8 cm,较竣工期沉降增加了 4.7 cm,沉降分布规律与竣工期基本一致。最大水平位移为 19.1 cm,发生在上游坝体坝壳料上部区域,方向指向下游;最小水平位移发生在下游坝坡中上部位置,最小值为 -3.0 cm,方向指向上游。蓄水期大、小主应力分布有所调整,心墙内部大、小主应力变化比较明显。蓄水期坝体应力水平整体不高。蓄水期坝体渗流场分布合理,符合一般心墙坝的孔压分布规律。

7.6　满蓄状态运行 20 年坝体应力变形特性计算结果

　　为了研究坝体在运行管理期的工后变形,针对坝体满蓄状态持续计算 20 年,将计算得到的典型断面应力变形特性进行整理分析,由于各断面坝体应力变形特性分布规律较为相似,本部分只针对 0+280 断面进行结果展示。

　　图 7-88 为 0+280 断面运行 20 年后坝体沉降等值线图,图 7-89 为 0+280 断面运行 20 年后坝体水平位移等值线图,图 7-90 为 0+280 断面运行 20 年后坝体大主应力等值线图,图 7-91 为 0+280 断面运行 20 年后坝体小主应力等值线图,图 7-92 为 0+280 断面运行 20 年后坝体应力水平等值线图,图 7-93 为 0+280 断面运行 20 年后坝体孔压等值线图。

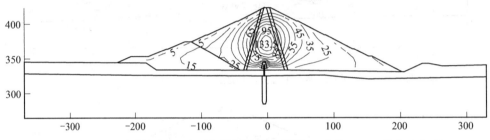

图 7-88　0+280 断面运行 20 年后坝体沉降等值线图　（单位:cm,正值表示向下）

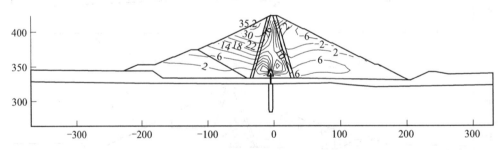

图 7-89　0+280 断面运行 20 年后坝体水平位移等值线图　（单位:cm,负值表示指向上游侧）

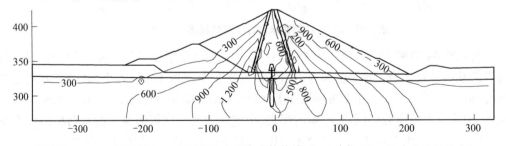

图 7-90　0+280 断面运行 20 年后坝体大主应力等值线图　（单位:kPa,正值表示压应力）

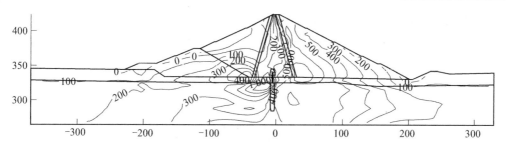

图 7-91　0+280 断面运行 20 年后坝体小主应力等值线图　（单位:kPa,正值表示压应力）

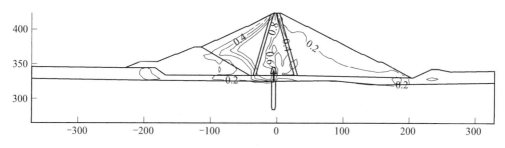

图 7-92　0+280 断面运行 20 年后坝体应力水平等值线图

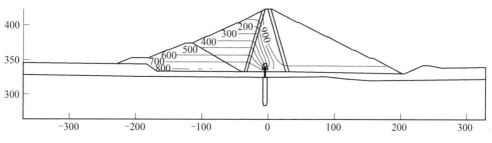

图 7-93　0+280 断面运行 20 年后坝体孔压等值线图　（单位:kPa）

坝体满蓄状态运行 20 年后,0+280 断面坝体沉降为 133.5 cm,较蓄水期增加了 6.8 cm,沉降分布规律基本不变。坝体应力分布和应力水平分布与蓄水期基本保持一致。

7.7　心墙工作性态研究

黏土心墙作为坝体防渗的主要部分,其安全性至关重要,研究针对黏土心墙在不同时期的应力变形特性开展分析,对黏土心墙的安全性做出评价。

7.7.1　不同时期心墙的变形特性

针对黏土心墙竣工期、竣工 60 d 后、蓄水期以及运行 20 年后的变形特性进行整理。以 0+280 断面心墙的应力变形特性作为主要结果展示,其他断面因相似性太强,不做过多展示。

图 7-94 为竣工期 0+280 断面黏土心墙沉降等值线图,图 7-95 为竣工期 0+280 断面黏土心墙水平位移等值线图,图 7-96 为竣工后 60 d 0+280 断面心墙沉降等值线图,图 7-97 为竣工后 60 d 0+280 断面黏土心墙水平位移等值线图,图 7-98 为蓄水期 0+280 断面心墙

沉降等值线图,图 7-99 为蓄水期 0+280 断面黏土心墙水平位移等值线图,图 7-100 为运行 20 年后 0+280 断面心墙沉降等值线图,图 7-101 为运行 20 年后 0+280 断面黏土心墙水平位移等值线图。

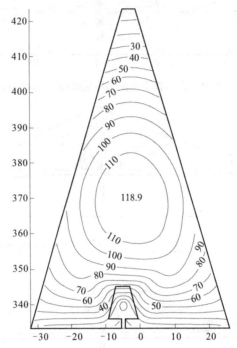

图 7-94　竣工期 0+280 断面黏土心墙沉降等值线图　（单位:cm,正号表示向下）

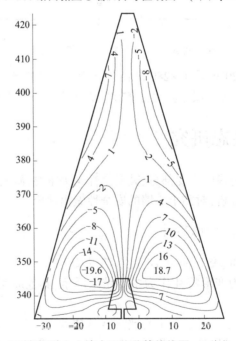

图 7-95　竣工期 0+280 断面黏土心墙水平位移等值线图　（单位:cm,正号表示下游）

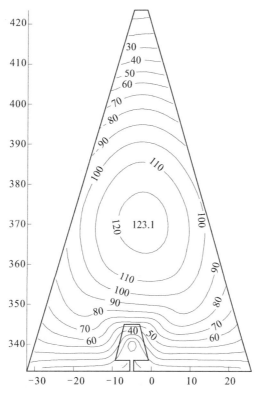

图 7-96　竣工后 60 d 0+280 断面心墙沉降等值线图　（单位:cm,正号表示向下）

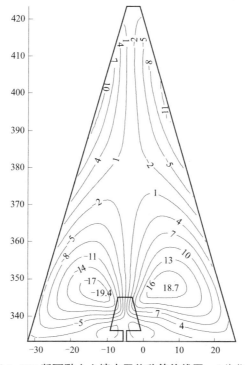

图 7-97　竣工后 60 d 0+280 断面黏土心墙水平位移等值线图　（单位:cm,正号表示下游）

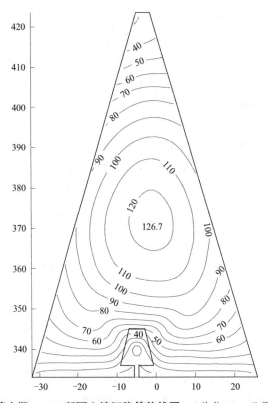

图 7-98　蓄水期 0+280 断面心墙沉降等值线图　（单位：cm，正号表示向下）

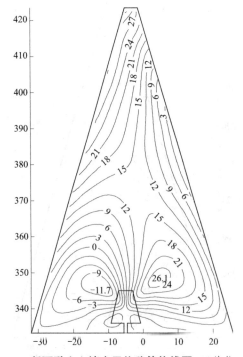

图 7-99　蓄水期 0+280 断面黏土心墙水平位移等值线图　（单位：cm，正号表示下游）

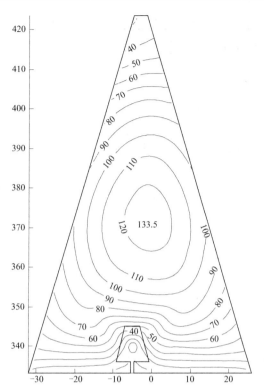

图 7-100　运行 20 年后 0+280 断面心墙沉降等值线图　（单位:cm,正号表示向下）

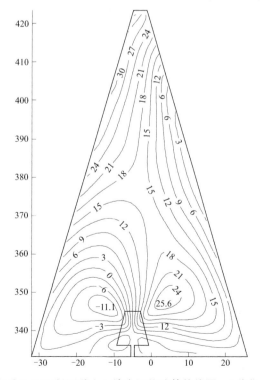

图 7-101　运行 20 年后 0+280 断面黏土心墙水平位移等值线图　（单位:cm,正号表示下游）

从心墙沉降变形发展来看,竣工期心墙最大沉降为 118.9 cm;竣工 60 d 后沉降增加至 123.1 cm;蓄水期心墙沉降继续增加,蓄水期沉降为 126.7 cm;满蓄状态运行 20 年后,坝体最终沉降值为 133.5 cm。

从心墙水平位移分布规律来看,竣工期坝体最大、最小水平位移分别为 18.7 cm 和 −19.6 cm,从分布规律来看,水平位移基本沿坝轴线左右对称;竣工后 60 d,坝体最大、最小水平位移分别为 18.7 cm 和−19.4 cm,水平位移较竣工期略有变化,量值很小。蓄水期心墙水平位移分布规律有明显变化,最大水平位移为 28 cm,发生在心墙顶部位置,心墙内部的最大、最小水平位移也发生了明显变化,心墙表现为向下游侧变形;满蓄状态运行 20 年后,心墙水平位移的分布规律基本与蓄水期一致,最大值略有增大,最大值发生的位置较蓄水期有所降低。

7.7.2　不同时期心墙应力分布特性

图 7-102 为竣工期黏土心墙大主应力等值线图,图 7-103 为竣工期黏土心墙小主应力等值线图,图 7-104 为竣工后 60 d 黏土心墙大主应力等值线图,图 7-105 为竣工后 60 d 黏土心墙小主应力等值线图,图 7-106 为蓄水期心墙大主应力等值线图,图 7-107 为蓄水期黏土心墙小主应力等值线图,图 7-108 为运行 20 年后黏土心墙大主应力等值线图,图 7-109为运行 20 年后黏土心墙小主应力等值线图。

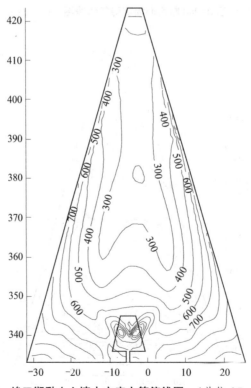

图 7-102　竣工期黏土心墙大主应力等值线图　（单位:kPa,压为正）

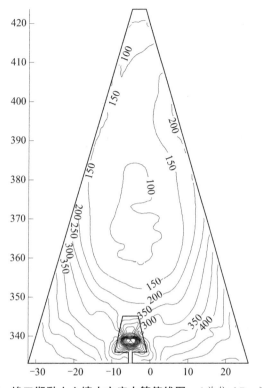

图 7-103　竣工期黏土心墙小主应力等值线图　（单位:kPa,压为正）

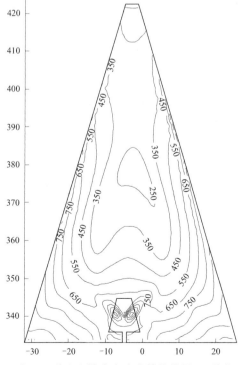

图 7-104　竣工后 60 d 黏土心墙大主应力等值线图　（单位:kPa,压为正）

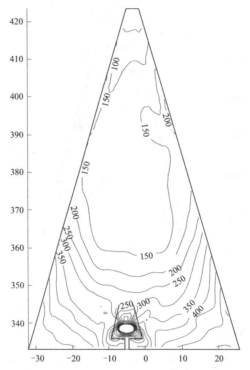

图 7-105　竣工后 60 d 黏土心墙小主应力等值线图　（单位:kPa,压为正）

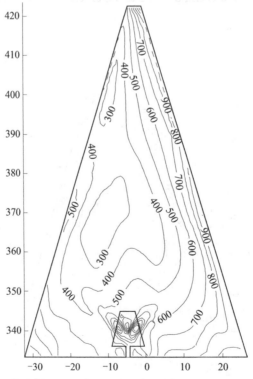

图 7-106　蓄水期黏土心墙大主应力等值线图　（单位:kPa,压为正）

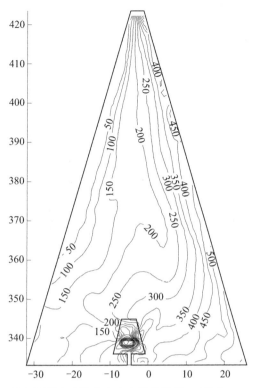

图 7-107　蓄水期黏土心墙小主应力等值线图　（单位：kPa，压为正）

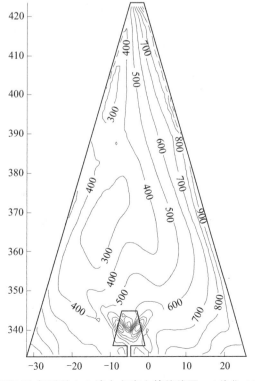

图 7-108　运行 20 年后黏土心墙大主应力等值线图　（单位：kPa，压为正）

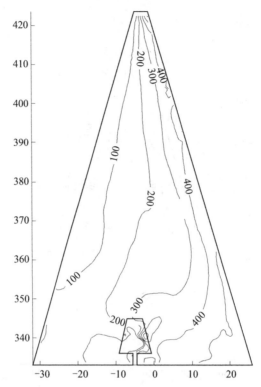

图 7-109　运行 20 年后黏土心墙小主应力等值线图　（单位：kPa，压为正）

　　从心墙大、小主应力在不同时期的分布特性来看，竣工期心墙大、小主应力受竣工期残余超孔压影响，心墙中心位置大、小主应力较前文结果变化较大，大、小主应力有明显的跌落，形成明显的应力拱。竣工后 60 d，随着超孔压的消散，心墙中心位置大、小主应力逐渐增大；蓄水期，心墙大、小主应力受水压力影响发生明显变化，大、小主应力的方向发生了较大调整；运行 20 年后，心墙的大、小主应力分布规律与蓄水期基本一致。

7.8　数值模型的工程验证

　　本研究所开展的物理模型试验、精细化仿真及优化计算，是基于前坪水库心墙砂砾石坝设计阶段开展的研究工作，为了进一步验证研究成果的合理性，结合大坝施工监测数据和施工工程进度，采用数值模拟手段对施工过程进行精细化仿真，严格模拟大坝的施工历程，并与实际监测数据进行对比，验证了计算结果的科学合理性。

　　选取典型断面不同高程心墙和砂砾石坝壳料的沉降监测值与数值计算结果进行对比分析，结果如图 7-110 ~ 图 7-113 所示。其中，心墙沉降监测采用水管式沉降仪进行监测，坝壳砂砾石料沉降管监测。

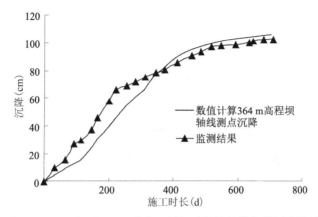

图 7-110　0+550 断面 364 m 高程心墙沉降数值计算与监测结果对比

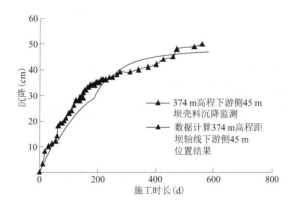

图 7-111　0+550 断面 374 m 高程下游砂砾石坝壳料沉降数值计算与监测结果对比

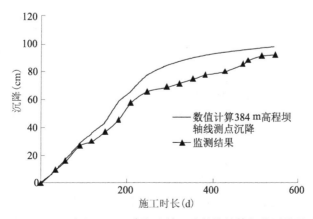

图 7-112　0+550 断面 384 m 高程心墙沉降数值计算与监测结果对比

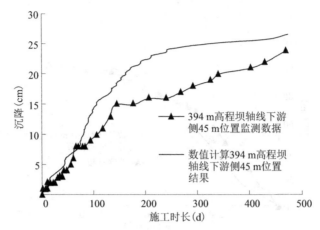

图 7-113　0+643 断面 394 m 高程下游砂砾石坝壳料沉降数值计算与监测结果对比

选取坝体典型断面监测结果和计算结果进行对比,精细化数值仿真结果与监测结果吻合度很高,心墙的计算结果与监测结果偏差在 1% 以内,下游砂砾石坝壳料的计算结果与监测结果的偏差为 6%~8%。考虑到现场砂砾石料的粒径效应、不均匀性以及监测精度等多方面因素,这种计算结果与监测结果的偏差属于正常。

考虑现场施工过程中,外界环境(如降雨、降温及施工机械扰动)变化、施工间歇等因素,施工过程的监测结果与计算结果存在一定偏差。

通过对监测数据进行分析,心墙和下游砂砾石坝壳施工期沉降存在明显差异,表现出变形的不协调,符合心墙土石坝的基本变形规律。

从计算结果与监测结果的整体对比来看,本书研究计算所使用的计算模型、计算参数及计算方法能真实地反映实际工程特性,进一步验证了计算结果的科学合理性。

7.9　本章小结

通过对前坪水库三维有限元结果的分析,得出如下结论:

(1)采用瞬态流固耦合分析计算方法,可较为真实地反映坝体施工期、蓄水期及运行期的应力变形特性,通过考虑施工时间效应、蓄水时间效应及运行期长期变形的模拟,精细地模拟了坝体在各个时期的变形特征和应力分布形式,体现了心墙固结特性对坝体变形和应力分布的影响。

(2)通过对不同时期坝体变形分布特性、应力特征的整理分析,坝体因各材料差异所导致的变形差异,会引起材料交接区域的应力分布特征发生改变,但其应力分布在合理范围内。

(3)通过对不同断面坝体渗流特征进行分析,结合前文研究结果,对坝体渗流稳定特性进行综合评价,认为坝体不会发生渗流破坏。

(4)混凝土防渗墙与高塑性黏土交接部位,由于两者材料刚度的巨大差异,存在较为明显的变形不协调,这是无法避免的,设计采用的高塑性黏土可较好地消除因两者变形不协调对心墙的影响,不会对心墙安全造成明显影响。

参 考 文 献

[1] 张利平, 夏军, 胡志芳. 中国水资源状况与水资源安全问题分析[J]. 长江流域资源与环境, 2009, 18(2):116.

[2] 张丙印, 于玉贞, 张建民. 高土石坝的若干关键技术问题[C]∥中国土木工程学会土力学及岩土工程学术会议, 2003.

[3] 汝乃华, 牛运光. 土石坝的事故统计和分析[J]. 大坝与安全, 2001, 1(1):31-37.

[4] 陈生水. 土石坝溃决机理与溃坝过程模拟[M]. 北京:中国水利水电出版社, 2012.

[5] Loukola E, Reiter P, Shen C, et al. Embankment dams and their foundation: Evaluation of erosion. In: Proc Int Workshop on Dam Safety Evaluation, Grindewald, Switzerland, 1993:171-188.

[6] 何芳婵. 土石坝施工过程应力变形仿真分析[D]. 郑州:郑州大学, 2007.

[7] J L 谢拉德. 堆筑坝的开裂[M]. 北京:水利电力出版社, 1978.

[8] 李君纯. 青海沟后水库溃坝原因分析[J]. 岩土工程学报, 1994, 16(6):1-14.

[9] 皇甫泽华, 武颖利, 郭万里. 基于多目标优化的黏土心墙坝变形协调分析[J]. 水力发电学报, 2020, 39(6):101-110.

[10] 黄志全, 王思敬. 离心模型试验技术在我国的应用概况[J]. 岩石力学与工程学报, 1998(2):199-203.

[11] 陈生水. 土石坝试验新技术研究与应用[J]. 岩土工程学报, 2015, 37(1):1-28.

[12] Ng C W W. The state-of-the-art centrifuge modelling of geotechnical problems at HKUST[J]. Journal of Zhejiang Universityence A, 2014, 15(1):1-21.

[13] Schofield A N. Cambridge Geotechnical Centrifuge Operations[J]. Géotechnique, 2015, 30(3):227-268.

[14] Kagawa T, Sato M, Minowa C, et al. Centrifuge Simulations of Large-Scale Shaking Table Tests: Case Studies[J]. Journal of Geotechnical & Geoenvironmental Engineering, 2004, 130(7):663-672.

[15] 包承纲, 饶锡保. 土工离心模型的试验原理[J]. 长江科学院院报, 1998, 15(2):1-3.

[16] Seo M W, Ha I S, Kim Y S, et al. Behavior of Concrete-Faced Rockfill Dams during Initial Impoundment [J]. Journal of Geotechnical & Geoenvironmental Engineering, 2009, 135(8):1070-1081.

[17] Marsal R J. Large scale testing of rockfill materials[J]. Journal of the Soil Mechanics & Foundations Division, 1967, 93(2):27-43.

[18] Leps T M. Review of shearing strength of rockfill[J]. Journal of the Soil Mechanics & Foundations Division, 1970, 96(4):1159-1170.

[19] Marsal R J. Mechanical Properties of Rockfill Embank-ment Dam Engineering[M]. New York: Wiley, 1973:109-200.

[20] Charles J A, Watts K S. The influence of confining pressure on the shear strength of compacted rockfill [J]. Géotechnique, 1980, 30(30):353-367.

[21] 张茹, 何昌荣, 费文平, 等. 高土石坝筑坝料本构模型参数研究[J]. 岩石力学与工程学报, 2004, 23(S1):4428-4434.

[22] 程展林, 丁红顺, 吴良平. 粗粒土试验研究[J]. 岩土工程学报, 2007, 29(8):1151-1158.

[23] 张坤勇, 朱俊高, 吴晓铭, 等. 复杂应力条件下掺砾黏土真三轴试验[J]. 岩土力学, 2010, 31(9):

2799-2804.

[24] 郑瑞华, 张建民, 张嘎, 等. 积石峡面板堆石坝材料大型三轴试验研究[C]∥全国土力学及岩土工程学术会议, 2011.

[25] 刘平, 刘汉龙, 肖杨, 等. 高聚物胶凝堆石料静力特性试验研究[J]. 岩土力学, 2015, 36(3): 749-754.

[26] 丁树云, 蔡正银. 土石坝渗流研究综述[J]. 人民长江, 2008, 39(2):33-36.

[27] 刘杰, 谢定松. 砾石土渗透稳定特性试验研究[J]. 岩土力学, 2012, 33(9):76-82.

[28] 姜顺龙, 邱晓亮. 土石坝防渗心墙料渗透系数测试方法对比研究[J]. 人民长江, 2015(8):87-91.

[29] 雷红军, 卞锋, 于玉贞, 等. 黏土大剪切变形中的渗透特性试验研究[J]. 岩土力学, 2010, 31(4): 1130-1133.

[30] 李艳霞, 张爱军. 土石坝心墙反滤层特性试验研究[J]. 中国农村水利水电, 2011(10):109-112.

[31] 傅华, 韩华强, 凌华. 堆石料级配缩尺方法对其室内试验结果的影响[J]. 岩土力学, 2012, 33(9):89-93.

[32] 高玉峰, 王勇. 饱和方式和泥岩含量对堆石料渗透系数的影响[J]. 岩石力学与工程学报, 2007, 26(S1):2959-2963.

[33] 朱国胜, 张家发, 张伟, 等. 宽级配粗粒料渗透试验方法探讨[J]. 长江科学院院报, 2009, 26(S1):10-13.

[34] 张丙印, 李娜, 李全明, 等. 土石坝水力劈裂发生机理及模型试验研究[J]. 岩土工程学报, 2005, 27(11):1277-1281.

[35] 冯晓莹, 徐泽平, 栾茂田. 黏土心墙水力劈裂机理的离心模型试验及数值分析[J]. 水利学报, 2009, 40(1).

[36] 袁俊平, 王启贵, 张锋. 黏土心墙坝水力劈裂模型试验研究[J]. 水电能源科学, 2014(8).

[37] Clough R W, Woodward R J. Analysis of embankment stresses and deformations[J]. Asce Soil Mechanics & Foundation Division Journal, 1967, 93:529-549.

[38] 熊鹏, 刘超群, 张延玲, 等. 基于邓肯-张模型的黏土心墙堆石坝有限元数值模拟分析[J]. 安全与环境工程, 2013, 20(3):111-114.

[39] 欧阳君, 林飞, 刘秋英, 等. 基于 abaqus 的土石坝稳定渗流期应力应变分析[J]. 水资源与水工程学报, 2012, 23(2):104-108.

[40] 欧阳君, 徐千军, 严新军, 等. 基于 ABAQUS 软件的土石坝应力应变分析[J]. 水资源与水工程学报, 2009, 20(6):112-115.

[41] 周碧辉, 武亮, 李泽. 黏土心墙堆石坝应力应变有限元数值分析[J]. 水电能源科学, 2009(5):75-76.

[42] 钱亚俊, 陈生水. 心墙坝应力变形数值模拟结果验证[J]. 水利水运工程学报, 2005(4):11-18.

[43] Li H, Manuel P, Li T. Application of a Generalized Plasticity Model to Ultra-High Rockfill Dam[C]∥Biennial International Conference on Engineering, Construction, and Operations in Challenging Environments; and Fourth Nasa/aro/asce Workshop on Granular Materials in Lunar and Martian Exploration. 2010:385-398.

[44] 邵翎. 海马箐水库黏土心墙堆石坝渗流稳定有限元分析[J]. 水电能源科学, 2013(6).

[45] Liu S H, Wang L J, Wang Z J, et al. Numerical stress deformation analysis of a cut-off wall in clay-core rockfill dam on thick overburden[J]. Water Science and Engineering, 2016, 9(3).

[46] Mirzabozorg H, Hariri-Ardebili M A, Heshmati M, et al. Structural safety evaluation of Karun Ⅲ Dam and calibration of its finite element model using instrumentation and site observation[J]. Case Studies in

Structural Engineering, 2014, 1(1):6-12.

[47] Han Z, Chen J, Hu S, et al. Deformation Characteristics and Control Techniques at the Shiziping Earth Core Rockfill Dam [J]. Journal of Geotechnical & Geoenvironmental Engineering, 2015, 142 (2):04015069.

[48] 董威信,袁会娜,徐文杰,等. 糯扎渡高心墙堆石坝模型参数动态反演分析[J]. 水力发电学报, 2012, 31(5):203-208.

[49] 顾慰慈. 渗流计算原理及应用[M]. 北京:中国建材工业出版社, 2000.

[50] 邓苑苑,刘建军,张小燕. 土石坝工程渗流计算的理论发展及方法探析[J]. 甘肃农业, 2006(6): 363-364.

[51] 张乾飞,宋一明. 土石坝渗流确定分析模型研究[J]. 武汉水利电力大学学报, 2004, 33(4):5-9.

[52] Uromeihy A, Barzegari G. Evaluation and treatment of seepage problems at Chapar-Abad Dam, Iran[J]. Engineering Geology, 2007, 91(2):219-228.

[53] Ahmed A A. Saturated-Unsaturated Flow through Leaky Dams[J]. Journal of Geotechnical & Geoenvironmental Engineering, 2008, 134(10):1564-1568.

[54] 刘桃溪,辛全才,解晓峰,等. 张沟均质土石坝渗流和坝坡稳定分析[J]. 人民黄河, 2012, 34(3): 120-122.

[55] 陈生水,钟启明,曹伟. 土石坝渗透破坏溃决机理及数值模拟[J]. 中国科学:技术科学, 2012(6): 697-703.

[56] Larese A, Rossi R, Oñate E, et al. Numerical and Experimental Study of Overtopping and Failure of Rockfill Dams[J]. International Journal of Geomechanics, 2013, 15(4).

[57] Athani S, Shivamanth, Solanki C H, et al. Seepage and Stability Analyses of Earth Dam Using Finite Element Method[J]. Aquatic Procedia, 2015(4):876-883.

[58] 李全明,张丙印,于玉贞,等. 土石坝水力劈裂发生过程的有限元数值模拟[J]. 岩土工程学报, 2007, 29(2):212-217.

[59] 陈五一,赵颜辉. 土石坝心墙水力劈裂计算方法研究[C]//第十届全国岩石力学与工程学术大会, 2008.

[60] 殷宗泽. 高土石坝的应力与变形[J]. 岩土工程学报, 2009(1):1-14.

[61] 周伟,熊美林,常晓林,等. 心墙水力劈裂的颗粒流模拟[J]. 武汉大学学报:工学版, 2011, 44 (1):1-6.

[62] Neves E M D, Pinto A V. Modelling collapse on rockfill dams[J]. Computers & Geotechnics, 1988, 6 (2):131-153.

[63] 钱家欢. 土工原理与计算[M]. 北京:中国水利水电出版社, 1996.

[64] 王瑞骏,陈尧隆. 心墙坝湿化变形的特点及其计算方法研究[J]. 西北农林科技大学学报:自然科学版, 2003, 31(6):149-152.

[65] 魏松,朱俊高. 粗粒土料湿化变形三轴试验研究[J]. 岩土力学, 2007, 28(8):1609-1614.

[66] Fu Z Z, Liu S H, Gu W X. Evaluating the Wetting Induced Deformation of Rockfill Dams Using a Hypoplastic Constitutive Model[J]. Advanced Materials Research, 2011, 243-249:4564-4568.

[67] 马秀伟,薛国强,饶国风. 考虑流固耦合效应的高心墙堆石坝应力变形分析[J]. 中国农村水利水电, 2011(6):106-109.

[68] Duncan J M, Chang C Y. Nonlinear analysis of stress and strain in soils[J]. Asce Soil Mechanics & Foundation Division Journal. 1970, 96(5): 1629-1653.

[69] 程展林,姜景山,丁红顺,等. 粗粒土非线性剪胀模型研究[J]. 岩土工程学报, 2010, 32(3):

460-467.

[70] 潘家军, 程展林, 饶锡保, 等. 一种粗粒土非线性剪胀模型的扩展及其验证[J]. 岩石力学与工程学报, 2014, 33(S2):4321-4325.

[71] 张嘎, 张建民. 粗颗粒土的应力应变特性及其数学描述研究[J]. 岩土力学. 2004, 25(10):1587-1591.

[72] 史江伟, 朱俊高, 王平, 等. 一个粗粒土的非线性弹性模型[J]. 河海大学学报:自然科学版, 2011, 39(2):154-160.

[73] 沈珠江. 南水双屈服面模型及其应用[C] ∥ 海峡两岸土力学及基础工程地工技术学术研讨会论文集, 1994.

[74] 沈珠江. 理论土力学[M]. 北京:中国水利水电出版社, 2000.

[75] 费康, 刘汉龙. ABAQUS 的二次开发及在土石坝静、动力分析中的应用[J]. 岩土力学, 2010(3):881-890.

[76] 司海宝, 蔡正银. 基于 ABAQUS 建立土体本构模型库的研究[J]. 岩土力学, 2011, 32(2):599-603.

[77] 傅华, 凌华, 蔡正银. 砂砾石料渗透特性试验研究[J]. 水利与建筑工程学报, 2010, 8(4):69-71.

[78] 陈生水, 凤家骥, 袁辉. 砂砾石面板坝关键技术研究[J]. 岩土工程学报, 2004, 26(1):16-20.

[79] 谢定松, 蔡红, 魏迎奇, 等. 覆盖层不良级配砂砾石料渗透稳定特性及影响因素探讨[J]. 水利学报, 2014(S2):77-82.

[80] 蒋中明, 王为, 冯树荣, 等. 砂砾石土渗透变形特性的应力状态相关性试验研究[J]. 水利学报, 2013, 46(12):114-121.

[81] 周跃峰, 潘家军, 程展林, 等. 基于大型真三轴试验的砂砾石料强度—剪胀特性研究[J]. 岩石力学与工程学报, 2017, 36(11):2818-2825.

[82] 贾金生, 刘宁, 郑璀莹, 等. 胶结颗粒料坝研究进展与工程应用[J] 水利学报, 2016, 47(3):315-323.

[83] 郭磊, 刘刚森, 柴启辉, 等. 胶凝砂砾石材料抗压与劈拉强度关系试验[J]. 人民黄河, 2016, 38(9):86-87.

[84] 孙明权, 刘运红, 贺懋茂. 非线性 K-G 模型对胶凝砂砾石材料的适应性[J]. 人民黄河, 2013, 35(7):92-94, 97.

[85] 杨世锋, 孙明权, 田青青. 胶凝砂砾石坝剖面设计研究[J]. 人民黄河, 2016, 38(11):108-110, 115.

[86] 郭万里, 朱俊高, 钱彬, 等. 粗粒土的颗粒破碎演化模型及其试验验证[J]. 岩土力学, 2019, 40(3):1023-1029.

[87] 郭万里, 朱俊高, 彭文明. 粗粒土的剪胀方程及广义塑性本构模型研究[J]. 岩土工程学报, 2018, 40(6):1103-1110.

[88] 中华人民共和国住房和城乡建设部. 土工试验方法标准:GB/T 50123—2019[S]. 北京:中国计划出版社, 2019.

[89] 中华人民共和国国家发展和改革委员会. 水电水利工程粗粒土试验规程:DL/T 5356—2006[S]. 北京:中国电力出版社, 2006.

[90] 中华人民共和国水利部. 土工试验规程:SL 237—1999[S]. 北京:中国水利水电出版社, 1999.

[91] Coop M R, Sorensen K K, Bodas F T. Particle breakage during shearing of a carbonate sand. Géotechnique, 2004, 54(3): 157-163.

[92] McDowell G R, Bolton M D, Robertson D. The fractal crushing of granular materials. Journal of the Me-

chanics and Physics of Solids, 1996, 44(12): 2079-2102.

[93] Einav I. Breakage mechanics—Part Ⅰ: Theory[J]. Journal of the Mechanics & Physics of Solids, 2007, 55(6):1274-1297.

[94] 孔德志, 张丙印, 孙逊. 钢珠模拟堆石料三轴试验研究[J]. 水力发电学报, 2010, 29(2):210-215.

[95] 李国英, 米占宽, 傅华.混凝土面板堆石坝流变特性试验研究[J]. 岩土力学, 2004, 25(11): 1712-1716.

[96] 李庆斌, 石杰. 大坝建设4.0[J]. 水力发电学报, 2015, 34(8):1-6.

[97] 钟登华, 王飞, 吴斌平, 等. 从数字大坝到智慧大坝[J]. 水力发电学报, 2015, 34(10):1-13.

[98] 殷宗泽. 高土石坝的应力与变形[J]. 岩土工程学报, 2009, 31(1):1-14.

[99] 陈生水. 复杂条件下特高土石坝建设与长期安全保障关键技术研究进展[J]. 中国科学: 技术科学, 2018.

[100] 汪小刚. 高土石坝几个问题探讨[J]. 岩土工程学报, 2018, 40(2):203-222.

[101] 孔宪京, 邹德高, 刘京茂. 高土石坝抗震安全评价与抗震措施研究进展[J]. 水力发电学报, 2016, 35(7): 1-14.

[102] 孔宪京, 邹德高, 徐斌, 等. 紫坪铺面板堆石坝三维有限元弹塑性分析[J]. 水力发电学报, 2013, 32(2): 213-222.

[103] 马晓华, 梁国钱, 郑敏生, 等. 坝体土体和防渗墙模量变化对防渗墙应力变形的敏感性分析[J]. 中国农村水利水电, 2011(6): 110-116.

[104] 郭万里, 朱俊高, 温彦锋. 对粗粒料4种级配缩尺方法的统一解释[J]. 岩土工程学报, 2016, 38(8): 1473-1480.

[105] Xiao Y, Liu H, Ding X, et al. Influence of Particle Breakage on Critical State Line of Rockfill Material [J]. International Journal of Geomechanics, 2016, 16(1):04015031.

[106] Guo W L, Zhu J G. Energy consumption of particle breakage and stress dilatancy in drained shear of rockfill materials[J]. Géotechnique Letters, 2017, 7: 304-308.

[107] Wan-Li GUO, Jun-Gao ZHU, Wei-Cheng SHI, et al. Dilatancy equation for rockfill materials under three-dimensional stress conditions [J]. International Journal of Geomechanics, ASCE, 2019, 19 (5): 04019027.

[108] Zhu J G, Guo W L, Wen Y F, et al. New gradation equation and applicability for particle-size distributions of various soils[J]. International Journal of Geomechanics, 2018, 18(2): 04017155.

[109] 陈生水, 凌华, 米占宽, 等. 大石峡砂砾石坝料渗透特性及其影响因素研究[J]. 岩土工程学报, 2019, 41(1):26-31.

[110] Yin Z Y, Hicher P Y, Dano C, et al. Modeling mechanical behavior of very coarse granular materials [J]. Journal of Engineering Mechanics, 2017, 143(1): hal-01629037.

[111] Xiao Y, Liu H L. Elastoplastic constitutive model for rockfill materials considering particle breakage[J]. International Journal of Geomechanics, 2016, 17(1): 04016041.

[112] 王占军, 陈生水, 傅中志. 堆石料流变的黏弹塑性本构模型研究[J]. 岩土工程学报, 2014, 36(12): 2188-2194.

[113] 黄茂松, 姚仰平, 尹振宇, 等. 土的基本特性及本构关系与强度理论[J]. 土木工程学报, 2016, 49(7): 9-35.

[114] Huang Maosong, Yao Yangping, Yin Zhenyu, et al. An overview on elementary mechanical behaviors, constitutive modeling and failure criterion of soils[J]. China civil engineering journal, 2016, 49(7): 9-35.

[115] Zou D, Xu B, Kong X, et al. Numerical simulation of the seismic response of the Zipingpu concrete face rockfill dam during the Wenchuan earthquake based on a generalized plasticity model[J]. Computers and Geotechnics, 2013, 49: 111-122.

[116] 周伟, 熊美林, 常晓林, 等. 心墙水力劈裂的颗粒流模拟[J]. 武汉大学学报(工学版), 2011, 44 (1): 1-6.

[117] 刘东海, 高雷. 基于碾振性态的土石坝料压实质量监测指标分析与改进[J]. 水力发电学报, 2018, 37(4): 111-120.

[118] 中华人民共和国国家发展和改革委员会. 碾压式土石坝设计规范: DL/T 5395—2007[S]. 北京: 中国电力出版社, 2008.